花卉栽培知识 200问

主　编　蔡建国
副主编　鲍婷婷　舒美英　宁惠娟
参　编　付建新　沈晓婷　王婷婷　王雨欣
　　　　韦孟琪　章　毅　刘朋朋　曾　妮

ZHEJIANG UNIVERSITY PRESS
浙江大学出版社

图书在版编目(CIP)数据

花卉栽培知识 200 问/蔡建国主编.—杭州：浙江大学出版社，2018.12

ISBN 978-7-308-16564-8

Ⅰ.①花… Ⅱ.①蔡… Ⅲ.①花卉—观赏园艺—问题解答 Ⅳ.①S68－44

中国版本图书馆 CIP 数据核字（2017）第 004131 号

花卉栽培知识 200 问

蔡建国　主编

责任编辑	陈静毅	
责任校对	虞雪芬	
封面设计	续设计	
出版发行	浙江大学出版社	
	（杭州市天目山路 148 号　邮政编码 310007）	
	（网址：http://www.zjupress.com）	
排　　版	杭州林智广告有限公司	
印　　刷	绍兴市越生彩印有限公司	
开　　本	710mm×1000mm　1/16	
印　　张	10.5	
插　　页	4	
字　　数	172 千	
版 印 次	2018 年 12 月第 1 版　2018 年 12 月第 1 次印刷	
书　　号	ISBN 978-7-308-16564-8	
定　　价	29.00 元	

一、花卉种类

芍药

金鱼草

虞美人

月季

朱顶红

绿萝

郁金香

梅花

矾根

一串红

石斛兰

风铃草

牡丹

大花飞燕草

金叶佛甲草

二、花卉应用

花球

花坛

花柱

立体花坛

花钵

月季园

灌木花境景观

花展景观

花境景观

多肉植物组景

三、花卉生产

花卉组培苗生产

兰花养护

盆花生产

容器苗生产 1

容器苗生产 2

月季造型苗生产

四、花卉营销

花卉修剪工具

花店

花卉专用土

室内花卉卖场

家庭园艺植物

内容简介

　　本书以花卉的基础介绍和花卉栽培与养护管理的实际需要为出发点和落脚点，以问答形式，从说清基础知识、强化实践操作、掌握实用技能的角度，比较全面地阐述了花卉的基础知识和操作技术。本书内容涉及花卉栽培历史、花卉产业、花卉分类、花卉繁殖、花卉栽培、花卉养护与管理、花卉营销、花卉应用等，对花卉从业人员提高基本业务素质，了解花卉产业的发展，掌握花卉生产、养护与管理，推动花卉更好地应用于人居环境有直接帮助和指导作用。

　　本书是了解花卉生产与养护知识和技能的必备用书，是花卉爱好者和从事花卉产业人员的重要实践宝典，可作为大学和职业技术学校师生教学的参考用书，也可作为花卉科普用书。

前　言
Preface

　　花卉是自然之精华，历来为人们所喜爱，养花是生活的乐趣。我国有着悠久的种花、赏花、用花之历史和丰富的花卉文化。花卉不仅可以美化城乡人居环境、清新空气，而且可以陶冶情操、增添文化品位、丰富业余生活、提高生活品质，还可以出口创汇、振兴乡村产业、提高农民收入。目前花卉生产正朝着专业化、标准化和品种化发展，花卉在城乡人居环境中的应用越来越普遍，花卉已成为建设美丽中国的重要素材。为了更好地满足花卉生产者、爱好者和应用者的需要，丰富花卉科普活动，提高人们对花卉的认识，特编写《花卉栽培知识200问》一书以飨读者。

　　本书编者从事花卉教学和研究多年，经过多年探索创新，积累了丰富经验，整理编写了本书。本书用通俗的语言以一问一答的形式解决花卉栽培与管理中的诸多问题，是一本简明、实用且系统地介绍花卉理论知识、花卉栽培与养护技术、花卉应用与欣赏的著作。全书分为三章：第一章"花卉基础知识"，主要介绍花卉的基本知识，包括花卉的定义、产业、作用、资源、分类等内容，是学习和了解花卉的基础，也是家庭养花的理论基础；第二章"花卉栽培与养护技术"，主要介绍花卉繁殖、栽培和养护管理基本技术，是本书的核心内容；第三章"花卉应用与欣赏"，主要介绍花卉应用、花卉文化和花卉欣赏等知识，是花卉产业发

展的重要环节的拓展。本书作为"社会主义新农村建设书系"之一，讲究通俗性和实用性，适合园林工作者、花卉爱好者和花卉产业开发者阅读参考。

由于编者水平所限，出现缺点和错误在所难免，恳请读者给予指正。

编　者

2018 年 5 月

目 录
Contents

花卉

栽培知识200问

第二章　花卉栽培与养护技术 / 027

目

录

目

录

第三章　花卉应用与欣赏　/ 120

目

录

第一章
花卉基础知识

> 本章主要介绍花卉的基础知识，包括花卉的定义、产业、作用、资源、分类等内容，是学习和了解花卉的基础，也是家庭养花的理论基础。

1. 花卉是什么？

花卉由"花"和"卉"两字组成，"花"指的是被子植物的生殖器官，引申为有观赏价值的植物，而"卉"则是草的总称。狭义的花卉是指有观赏价值的草本植物；而广义的花卉除了指有观赏价值的草本植物外，还包括草本或木本的地被植物、花灌木、开花乔木、观赏竹以及盆景等。

2. 什么是花卉产业？什么是花卉产业化？

花卉产业是将花卉作为商品，对其进行研究、开发、生产、贮运、营销以及售后服务等一系列活动的产业。花卉产业内容广泛，包括鲜切花、盆花、绿化苗木、花卉种苗、花卉种球、花卉种子、食用花卉、药

用花卉、工业用花卉、草坪等生产，花盆、花肥、花药、基质等各种资材的制造，以及花卉营销、花卉贮运、花卉应用与装饰、花卉信息等服务工作。

花卉产业化是指将花卉的生产结构逐步优化，经营管理逐步规范化，不断提高花卉产品科技含量的过程。

花卉产业化实际上是在市场经济条件下，将花卉的生产、分配、交换、消费各环节通过特定的组织制度联系起来，提高花卉产品质量、经济效益和社会效益的过程。

3. 什么是花卉营销？花卉营销有哪些类型和形式？

花卉营销是将花卉从生产者销售到消费者的过程，它是花卉产业的重要内容。目前的花卉营销包括鲜花集散中心、花卉批发市场、花卉专业市场、花园中心、花店、早市、地摊售花、国外花卉代理公司、花卉进出口公司、花卉互联网营销等类型。其营销形式通常包括分发宣传资料、开展花卉产品宣传、花卉产品推介、互联网营销、花卉展览等形式。

4. 什么是花卉产品？什么是花卉市场？

花卉产品是指能够提供给市场，被人们使用和消费，并能满足人们对花卉的自然美、艺术美等方面需求的花卉植株或其根、茎、叶、花、果实、种子等各个部位及相关的组合物，其中渗透着相关的服务、文化、艺术与观念等。

花卉市场是指花卉生产者、经营者和消费者之间从事商品交换活动的场所。按照不同的分类形式，花卉市场可分为花卉批发市场、零售市场或两者兼容的市场，也可分为花卉产地市场和消费地市场等。

5. 我国花卉栽培是如何起源的?

我国花卉栽培历史悠久。早在 7000 年前的浙江余姚河姆渡遗址中出土的陶器、陶片上即有植物枝叶类图案,并有盆栽单株植物的纹样。在距今 7000 多年的裴李岗遗址中发现的炭化梅核,可作为梅花栽培的证据。距今 6000～5000 年河南陕县庙底沟遗址出土的彩陶多有花瓣、叶片样纹饰,以至于有人将其视为华夏民族得名的由来。可见早在新石器时代中期,我国先民们对花卉就已经表现出一定的兴趣,并出现了花卉栽培和装饰应用的雏形。

远在春秋时期,吴王夫差在会稽建梧桐园,已有栽植观赏花木茶与海棠的记载。至秦汉时期,王室富贾营建宫苑,广集各地奇果佳树、奇花异卉植于园内。如汉成帝在长安兴建上林苑,不仅栽培露地花卉,还兴建保温设施,种植各种热带、亚热带观赏植物,据《西京杂记》记载,种植品种 2000 余种。

6. 世界花卉产业发展概况是怎样的?

第二次世界大战之后,随着经济的恢复和发展,花卉产业以其独特的魅力,保持着旺盛发展的势头,成为当今世界最具活力的产业之一。花卉产品已成为国际贸易的大宗商品。

据不完全统计,1985 年世界花卉贸易额为 150 亿美元,1990 年为 305 亿美元,1995 年达 1000 亿美元,2000 年达 2000 亿美元,2005 年达 2500 亿美元,2010 年达 3000 亿美元,2015 年达 3500 亿美元。世界贸易组织的统计资料显示,世界花卉栽培面积较大的 10 个国家是中国、印度、日本、美国、荷兰、意大利、泰国、英国、法国、德国。

花卉贸易内容主要包括切花、切叶、盆花、种球、种苗、种子等。花卉出口创汇较高的国家依次是:荷兰、哥伦比亚、丹麦、以色列、意大利、哥斯达黎加、比利时、美国、泰国、肯尼亚。产量和产值居世界

第一章 花卉基础知识

前五位的依次是：美国、日本、荷兰、法国、英国。花卉出口额居前五位的为：荷兰、丹麦、哥伦比亚、比利时、卢森堡。

7. 我国花卉产业发展概况是怎样的？

我国花卉栽培历史悠久，有3000多年历史，但我国现代意义上的花卉产业发展始于20世纪80年代。经过30多年的努力，我国花卉产业虽然取得了喜人的成就，但是与西方发达国家相比仍有不小差距。

（1）种植面积持续扩大

据统计，我国花卉产业从20世纪80年代初开始栽培面积稳步增长，1980年约为1.0万 hm²，1984年约为1.3万 hm²，1991年约为4.0万 hm²，2000年约为14.8万 hm²，2005年约为81.0万 hm²，2010年约为91.8万 hm²，2011年约为102.4万 hm²，2012年约为112.0万 hm²，2013年约为122.7万 hm²，2014年约为127.0万 hm²，2015年约为130.5万 hm²。浙江、江苏、河南、山东、四川、湖南、广东、云南、福建、安徽等均为花卉苗木主要生产大省。

（2）花卉生产专业化、规模化和水平明显提高，区域化布局形成

经过30多年的发展，花卉产业专业化、规模化和基地化的程度不断提高，区域化布局基本形成。云南的鲜切花，上海的种苗，广东的观叶植物，江浙的盆景和家庭园艺产品，海南的切叶，辽宁、甘肃的种球，上海、广州、北京的盆花，江苏、浙江、河南、四川的绿化苗木，东北的君子兰，福建的水仙，河北的仙客来，洛阳、菏泽的牡丹等，各具特色，并具有一定的生产能力，有的还远销海外。

（3）花卉流通网络初步形成，互联网营销逐步推进

经过30多年的快速发展，花卉集散中心、拍卖市场、批发市场、花园中心、零售花店逐步形成，拍卖交易、对手交易、订单交易顺利进行，实现异地送花、网上购花，花卉流通网络初步形成。

（4）花卉科研持续投入，成果不断涌现，花卉品种国际登录取得突破

经过30多年的持续投入和研发，花卉科研工作者取得了一批重要

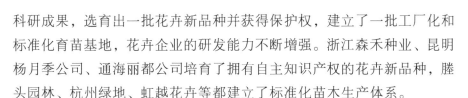

科研成果，选育出一批花卉新品种并获得保护权，建立了一批工厂化和标准化育苗基地，花卉企业的研发能力不断增强。浙江森禾种业、昆明杨月季公司、通海丽都公司培育了拥有自主知识产权的花卉新品种，滕头园林、杭州绿地、虹越花卉等都建立了标准化苗木生产体系。

花卉国际登录获得突破。中国梅花权威专家陈俊愉院士及其负责的中国花卉协会梅花蜡梅分会于 1998 年 11 月被国际园艺学会命名与登录委员会和国际园艺学执行委员会及其理事会授权，成为梅花的国际登录权威，这是我国首次获得花果的国际登录权。

2004 年 11 月，我国取得国际园艺学会木樨属植物品种国际登录权，南京林业大学向其柏教授为国际登录权威。

2010 年，总部设在美国的国际睡莲水景园艺协会受国际园艺学协会委托，正式任命中科院华南植物园田代科博士为莲属植物栽培品种国际登录权威。

2013 年 7 月 16 日在北京召开的第六届国际栽培植物分类学研讨会上，中国林科院西南花卉研究开发中心被国际园艺学会命名与登录委员会正式批准为国际竹栽培品种登录权威机构。

2014 年 2 月北京植物园被国际园艺学会命名与登录委员会任命为观赏海棠的国际栽培品种登录权威机构，北京植物园教授级高级工程师郭翎为观赏海棠栽培品种的登录权威。

（5）花卉文化和信息空前繁荣，对外交流合作日益广泛

花卉类协会和刊物不断涌现。中国花卉协会和各地花卉协会成立，创办了《中国花卉报》《中国花卉园艺》《中国绿色时报》《中国园林》《中国花卉盆景》等报纸和期刊。各地创办花卉刊物，如上海的《园林》、广东的《花卉》、武汉的《花卉盆景》、浙江的《浙江园林》、广西的《广西园林》等。花卉文化宣传阵地越来越多，如 1995 年成立了中国花卉协会花文化专业委员会，1994 年开展了全国范围的国花评选活动，对宣扬、弘扬中国花文化产生了巨大作用。全国有 230 多个城市通过评选确定了自己的市花和市树。花卉网络发展迅猛，中国花卉协会网站正式开通。全国有花卉园艺类的网站上千个，已成为宣传花卉文化、交流花卉信息的重要平台，花卉互联网营销走入千家万户。

经过花卉产业 30 多年的不断发展，对外交流和合作日益广泛，具

体表现在以下几点。第一，加入了有关国际组织。1994年中国花卉协会代表中国加入国际园艺生产者协会，同年加入世界月季联合会，1989年加入世界盆栽友好联盟，1998年加入国际插花协会，2006年加入亚洲花店业协会。第二，积极参加国际花事活动。1999年昆明成功举办了世界园艺博览会，有力地促进了我国花卉业的发展，极大地提高了我国在世界花卉园艺领域的地位和影响。2003年浙江金华成功召开了国际山茶大会。此外，中国花卉协会代表中国参加了1992年和2002年的荷兰世界园艺展览。从1998年到2017年，中国花卉协会连续组团参加了香港花卉展览。2000年在澳门举办了第14届全国荷花展。1994年在北京召开了海峡两岸花卉发展交流研讨会。2006年以来相继举行了沈阳世界园艺博览会（2006）、台北国际花卉博览会（2010）、厦门世界园艺博览会、西安世界园艺博览会（2011）、锦州世界园林博览会(2013)、青岛世界园艺博览会（2014）、唐山世界园艺博览会（2016）、海宁世界花园大会（2018）等。2006年组织参加了泰国世界园艺博览会，2013年参加了韩国顺天湾国际园艺博览会，2016年参加了土耳其安塔利亚世界园艺博览会。第三，通过多种形式，引进外资。国外花卉企业进入我国，一方面满足了人们对高档花卉产品的需求，另一方面引进了先进的品种、设施、技术和管理。经过30多年的努力，我国花卉产业与发达国家的差距大大缩小，部分花卉产品质量已可与国外同类产品相媲美，有的还成功出口日本、欧洲等国际市场。

8. 花卉有什么作用？

花卉的主要作用体现在以下几方面。

（1）装饰美化

装饰美化是花卉最有特色的作用，花是大自然创造的一种有形、有色、有香、有韵、有生命的艺术品，可用于美化室内外环境，增加人居环境的生机和情趣，使生活丰富多彩，使人心情愉悦。

（2）环境保护

环境保护是花卉的重要作用之一，它可以吸尘、杀菌、消噪、清洁空气、保持水土等，花卉应用可以很好地改善人居环境。

（3）陶冶情操

花卉是美的化身和象征，可寓意美好、幸福、吉祥、友谊之情感与愿望，是社会文明与进步的标志之一。爱美是人的天性，爱花是一种雅好，花卉是陶冶情操的媒介。花卉是交流感情的友好使者，可用于节日祝福，探望友人、情人、亲人、病人（有助于病人康复，花卉对某些病本来就有心理和药理治疗作用，如国外就有专门设立的闻花香、赏音乐的医院），外事接待，文艺演出。

（4）经济作用

花卉具有较高的经济价值，发展花卉商品生产是调整农业结构的重要内容。花卉的商品生产是一项很有发展前景的事业。花卉商品生产包括盆花、切花、种苗、种子、种球、绿化苗木、盆景等，以及在此基础上近年来拓展出来的花卉旅游和花卉养生。商品花卉生产的发展不仅可以直接改善人们的生活，而且也为农业结构调整带来了新的生机。

（5）渲染气氛

花卉是礼仪活动和节日气氛渲染的重要素材。花卉可用来装饰节日庆典、重要会场、展览、婚礼、葬礼等，可营造轻松、欢快、愉悦、庄重等气氛。

（6）科普教育

科普教育是花卉的重要作用之一。面对五彩缤纷、千姿百态的花卉，人们在欣赏之余，可提高自己对大自然的认识，培育对植物的爱心，增长和丰富科学知识。有一门学科叫仿生学，人类的许多发明就是从花卉植物的形态上得到启发的，如锯子、建筑上的大跨度钢架结构、降落伞等。

（7）其他用途

有的花卉可作蔬菜，如兰花、紫藤、玉兰、丝兰等；有的可供药用，如百合、贝母、桔梗、芍药等；有的可提取香精，如玫瑰、茉莉、珠兰、晚香玉、白兰花、桂花等。香花还可以当茶（如菊花茶）或熏茶，鲜花具有保健美容和养生功效，近年还流行花卉旅游和花文化体验（花海、花展、花卉小镇建设等）。

9. 花卉分类的方法有哪些？

花卉具有种类多、产地广、习性多样、生态条件复杂、栽培技术不一等特点。长期以来，人们从不同的角度，对花卉进行各种不同的分类，每种分类方法都各有其优点和缺点，也各有其实用的具体条件。

（1）按生态习性分类

花卉可分为一年生花卉、二年生花卉、球根花卉、宿根花卉、多浆及仙人掌类、室内观叶植物、兰科花卉、水生花卉、木本花卉等。

（2）按形态分类

花卉可分为草本花卉、木本花卉。

（3）按栽培类型分类

花卉可分为露地花卉、温室观叶盆栽、温室盆花、切花栽培、切叶栽培、干花栽培等。

（4）按栽培用途分类

花卉可分为切花类、盆花类、地栽类。

（5）按园林用途分类

花卉可分为花坛花卉、花境花卉、藤架花卉、室内花卉、岩生花卉、庭院花卉等。

（6）其他分类

花卉按对水分的要求分类可分为水生花卉、湿生花卉、中生花卉、旱生花卉；按对温度的要求分类可分为耐寒花卉、半耐寒花卉、不耐寒花卉；按对光照强度的要求分类可分为喜光花卉、耐阴花卉与喜阴花卉三类；按对光的周期要求分类可分为短日照花卉、中日照花卉、长日照花卉等；按主要观赏部位分类可分为观花类、观果类、观叶类、观茎类、芳香类等。

10. 什么是一年生花卉、 二年生花卉？分别有什么特点？

一年生花卉是指花卉的生命周期，即从种子开始，经过发芽、长叶、营养生长至开花结果最终休眠死亡都在一个生长季节内完成的花卉。如一串红、鸡冠花、千日红、波斯菊、地肤等。

一年生花卉耐寒力弱，多数在秋天霜冻来临时即休眠死亡，喜阳光和排水好的环境，喜欢肥沃和地下水位高的土壤。花期可以通过调节播种期、光照处理或加施生长调节剂进行促控。

二年生花卉是指花卉生命周期经两年或两个生长季节才能完成的花卉，即播种后第一年仅形成营养器官，次年开花结实而后休眠死亡。如雏菊、三色堇、虞美人、羽衣甘蓝、二月兰等。

二年生花卉耐寒力强，有的耐 0℃ 以下的低温，但不耐高温。苗期要求短日照，在 0～10℃ 低温下通过春化阶段，成长过程则要求长日照，并随即在长日照下开花，通常在夏季高温来临时即休眠死亡。

11. 什么是宿根花卉？有什么特点？

宿根花卉指地下器官形态未变态成球状或块状的多年生草本观赏植物。宿根花卉的特点有以下几点。

（1）具有存活多年的地下部分

宿根花卉多数种类具有不同粗壮程度的主根、侧根和须根。主根、侧根可存活多年，由根颈部的芽每年萌芽形成新的地上部开花、结实，如芍药、飞燕草等。也有不少种类地下部能存活多年，并继续横向延伸形成根状茎，根状茎上着生须根和芽，每年由新芽形成地上部开花、结实，如荷包牡丹、玉竹、肥皂草等。

（2）休眠及开花特性

原产温带的耐寒、半耐寒宿根花卉具有休眠特性，其休眠器官（芽或莲座枝）需要冬季低温解除休眠，在次年春季萌芽生长，通常由秋季的凉温与短日条件诱导休眠器官形成。春季开花的种类越冬后在长日条件下开花，如风铃草等；夏秋开花的种类需在短日条件下开花或短日条件可促进其开花，如秋菊、长寿花等。原产热带、亚热带的常绿宿根花卉，通常只要温度适宜即可周年开花，但夏季温度过高可导致半休眠，如鹤望兰等。

第一章　花卉基础知识

（3）繁殖方法

宿根花卉普遍应用无性繁殖，即利用其特化的营养器官如匍匐茎、走茎、根茎、吸芽、叶生芽进行分株和扦插繁殖，有利于保持品种的优良特性，维持商品苗的一致性与花的品质。此外多数宿根花卉还可用播种繁殖。

（4）种植后可数年开花不断

一次种植后可多年观赏从而简化种植是宿根花卉在园林花坛、花境、篱垣、地被应用的突出优点。作为切花生产，如安祖花、鹤望兰等，一次种植可多年连续采花，大大减少育苗程序，延长产花年限。

（5）栽培管理

由于宿根花卉一次栽种后生长年限较长，植株在原地不断扩大占地面积，因此在栽培管理中要预计种植年限，并留出适宜空间。宿根花卉根系比一、二年生花卉强大，入土较深，定植前更应重视土壤改良及基肥施用，以便较长期地维持良好的土壤结构和保持足够养分。每年注意肥水管理及病虫害防治，尤其是地下害虫的防治。宿根花卉生长一定年限后会出现株丛过密、植株衰老、产量下降及品质低劣的现象，应及时复壮或更新。

12. 什么是球根花卉？有什么特点？

球根花卉均为多年生草本观赏植物，其共同特点是具有由地下茎或根变态形成的膨大部分，以度过寒冷的冬季或干旱炎热的夏季（呈休眠状态）。至环境适宜时再活跃生长，出叶开花，并再度产生新的地下膨大部分或增生子球进行繁殖。

根据其变态部分不同，球根花卉又可分为以下几类。

（1）鳞茎类

茎短缩为圆盘状的鳞茎盘。按外层有无鳞片状膜包被分为有皮鳞茎和无皮鳞茎，前者如郁金香、风信子、水仙、石蒜等，后者如百合、大百合等。

（2）球茎类

地下茎短缩膨大成实心球状或扁球形，其上有环状的节，节上生膜质鳞叶，球茎有发达的顶芽，抽叶开花。如唐菖蒲、小苍兰、番红花等。

（3）块茎类

地下茎或地上茎膨大呈不规则实心块状或球状，上面具有螺旋状排列的芽，无干膜质鳞叶。如马蹄莲、仙客来、球根秋海棠等。

（4）根茎类

下茎呈根状膨大，具分枝，横向生长。如大花美人蕉、姜花、荷花、鸢尾等。

（5）块根类

由不定根或侧根膨大形成。如大丽花、花毛茛等。

13. 什么是多肉植物？有什么特点？

多肉植物，又称多浆植物、肉质植物，是指植物根、茎、叶三种营养器官中至少有一种肥厚多汁，具备储藏大量水分的功能，具有旱生喜热的生态生理特点，植物体含水分多，茎或叶特别肥厚，呈肉质多浆的形态。这种肉质组织是一种活组织，除其他功能外，它能储藏可利用的水，在土壤含水状况恶化，植物根系不能再从土壤中吸收和提供必要水分时，它能使植物暂时脱离外部水分供应而独立生存。多肉植物主要集中在仙人掌科、景天科、番杏科、萝藦科、菊科、百合科、龙舌兰科、大戟科等。近年来流行养多肉植物，用于装饰工作和生活场所。

14. 什么是室内观叶植物？有什么特点？

室内观叶植物即以叶为主要观赏对象并多为盆栽供室内装饰用的植物，不论是蕨类或是种子植物，也不论是草本或是木本植物。如鹅掌

柴、绿萝、马拉巴栗、非洲茉莉、大叶伞、幌伞枫、菜豆树、美丽针葵、散尾葵、椒草、豆瓣绿、虎耳草等。

室内观叶植物大多数是性喜温暖的常绿植物，许多种又比较耐阴，适于室内观赏。其中有不少是彩叶或斑叶品种，有更高的观赏价值。

15. 什么是水生花卉？有什么特点？

水生花卉泛指生长于水中或沼泽地的观赏植物。

水生花卉与其他花卉明显不同的习性是对水分的要求和依赖远远大于其他花卉。根据水生花卉对水分要求的不同，可将其分为挺水类、浮水类、漂浮类、沉水类四类。水生花卉如荷花、再力花、睡莲、王莲、大薸、满江红、苦草、金鱼藻等。

绝大多数水生花卉喜欢阳光充足、通风良好的环境，但也有耐半阴者，如菖蒲、石菖蒲等。

水生花卉因原产地不同而对水温和气温的要求不同，其中较耐寒者可在我国北方地区自然生长。但在江河封冻的季节，越冬有以下几种方式：①以种子越冬；②以根状茎、块茎或球茎埋藏在淤泥中越冬，如莲藕、香蒲、芦苇、荸荠、慈姑等；③以冬芽的方式越冬，冬芽在母体上形成，深秋脱离母体沉入水底，保持休眠状态，春季来临水温上升时开始萌动，夏季浮到水面形成新株，如苦草、浮萍等。

栽培水生花卉的塘泥大多需含丰富的有机质，在肥分不足的基质中水生花卉生长较弱。

16. 什么是木本花卉？有什么特点？

木本花卉是指本地可以露地栽培的以观花或观果为主的乔木、灌木及木质藤本。如玉兰、樱花、梅花、紫薇等。

木本花卉的特点表现在：主干和侧枝有明显的区别，植株高大，生长年限及寿命较长，多数不适于盆栽。一般栽种数年后，可连年开花，是园林绿化和风景区绿化布置的主要材料。我国传统十大名花中的梅花、牡丹、山茶、桂花、月季、杜鹃均属于木本花卉。

17. 什么是花坛花卉？有什么特点？

花坛花卉一般是指植株低矮、生长整齐、花期集中、株丛紧密、花色艳丽的花卉种类。一般以一、二年生花卉和球根花卉为主，如一串红、三色堇、羽衣甘蓝、鸡冠花、郁金香、风信子、水仙花等。

花坛花卉的特点有：花色艳丽，花朵整齐，盛花期开花繁茂，花期集中，株丛形态整齐等。

18. 什么是花境花卉？有什么特点？

花境花卉一般是指具有丰富的形态、色彩、高度、质地，季相变化明显，花朵顶生，植株较高大，叶丛直立生长的宿根花卉和低矮灌木花卉。如绣球、矶根、景天、绣线菊、花叶芒、狼尾草、美女樱、大吴风菊、金雀花、微型月季、龟甲冬青、杜鹃、冬青"金黄石"、金叶小檗、常绿萱草、月季、观赏草等。

花境花卉的特点是多年生，宿根性，植株多高低错落、自然起伏，花卉布置前后有致、疏密相间。

19. 什么是藤本花卉？有什么特点？

藤本花卉，又称攀缘花卉，是指植物体细长、不能直立，只能依附别的植物或支持物，缠绕或攀缘向上生长的观赏植物。如紫藤、木香花、爬山虎、凌霄、藤本月季等。

根据藤本花卉的生物习性与攀藤方式，藤本花卉可分为匍匐型藤本花卉、缠绕型藤本花卉、气根型藤本花卉、吸盘型藤本花卉四大类。有

的藤本花卉具有多种攀藤方式，如西番莲，不仅有卷须，而且能缠绕他物。不同类别的藤本花卉有不同特性，如表1所示。藤本花卉在园林中应用广泛，可用于花架、假山、垂直绿化和屋顶绿化等，可以在较少的空地上拓展绿化空间，增加城市绿量，提高整体绿化水平，是改善生态环境的重要途径。

表1　常用藤本花卉主要种类及特性

序号	攀缘方式	攀缘器官	攀缘能力	生长特点	代表植物	园林用途
1	匍匐型	无特殊的攀缘器官	软弱	茎细长、柔软	蔷薇、藤本月季	地被、悬垂植物
2	缠绕型	靠藤蔓缠绕和卷须攀缘	较强	有茎卷须、叶卷须和花序卷须	紫藤、猕猴桃、金银花、葡萄	棚架、柱体坡地、崖壁等绿化
3	气根型	气生根攀缘	较强	茎节处具有气生的不定根	常春藤、扶芳藤、络石、凌霄	山石、树干、立交桥带等绿化
4	吸盘型	吸盘攀缘	极强	卷须顶端有吸盘	牵牛花	墙壁、石崖等绿化

20. 什么是种质？什么是花卉种质资源？我国花卉种质资源有什么特点？

种质是指植物中亲代传递给子代的遗传物质，它往往存在于特定的品种之中。

花卉种质资源指的是能将特定的遗传信息传递给后代并有效表达的花卉的遗传物质的总称，主要包括具有遗传差异的野生种、半野生种和人工栽培类型。

我国花卉种质资源的特点如下。

（1）种类丰富，分布集中

中国是一个花卉种质资源十分丰富的国家。我国的被子植物总数为世界第三，仅次于巴西和马来西亚，在世界植物资源总数中占有很大比例。由于中国地域辽阔，自然条件复杂，地形、气候、土壤类型多样，特别是由于中生代和第三纪裸子植物繁盛和被子植物发生、发展时期一直是温暖的气候，在第四纪冰川时期，中国没有受到北方大陆冰盖的影响和破坏，只受到山岳冰川和气候波动的影响，基本上保持了第三纪古热带比较稳定的气候，因而植物资源十分丰富多彩，中国成为世界上著名的花卉宝库之一。在北半球其他地区早已灭绝的一些古老孑遗类群，在中国仍有保存，如银杏、水杉、银杉、水松、金钱松、珙桐、连香树、伯乐树和香果树等。在现今已知的 30 万种高等植物中，中国约有 3 万种。同时中国亦是世界上著名的八大栽培植物的起源中心之一，也是最大、最早的起源中心。

中国花卉资源丰富，既有热带花卉、温带花卉、寒温带花卉，又有高山花卉、岩生花卉、沼泽生花卉、水生花卉等，是许多名花异卉的故乡，也是世界上花卉种类和资源最丰富的国家之一，被誉为世界的"花园之母"。在中国原产的花卉中，有很多是中国特产的优良种类，是中国花卉中的宝贵财富。

中国花卉资源分布集中，以杜鹃为例，在南方山地中有成片的杜鹃花科植物集中分布，如贵州百里杜鹃、浙江临安清凉峰的高山杜鹃、天台的华顶杜鹃、松阳箬寮的猴头杜鹃等。

（2）花卉栽培品种及类型丰富

中国花卉栽培的历史有 3000 多年，中国原产和栽培历史悠久的花卉，常具有变异广泛、类型丰富、品种多样的特点。

以梅花为例，梅花枝条有直枝、垂枝和曲枝等变异，花有洒金、台阁、绿萼、朱砂、纯白、深粉等变异。在宋朝就已有杏梅类的栽培品种，以后形成的品种达到 300 多个，其品种类型丰富、姿态各异，在木本花卉中是很少见的。

桃花在中国的栽培也有 3000 多年的历史，有直枝桃、垂枝桃、寿星桃、洒金桃、五宝桃、绯桃、碧桃、绛桃等多种类型和品种。李属中的杏花、樱花等也有类似的变异类型和品种。

中国凤仙花，有花大如碗、株高3米多的品种"一丈红"，有茉莉花芳香的"香桃"，有开金黄色花的品种"葵花球"，有开绿花的品种"倒挂幺凤"，其优良品种及类型极为少见，品质居于世界领先地位。

中国的传统名花牡丹已有500个品种；菊花有3000多个品种，明清时菊花就有10多个类型；月季、蔷薇、山茶、丁香、紫薇、芍药、杜鹃、蜡梅、桂花等更是丰富多彩、名品繁多，深受中国人民的喜爱。

（3）花卉优良遗传品质突出

①多季开花的种类与品种多。多季开花的植物主要表现在一年四季或三季能开花不断，这是培育周年开花新品种的重要基因资源及难得的育种材料。

四季开花的种类如月季花及其品种"月月红""月月粉""月月紫""小月季"等；香水月季及其品种"彩晕香水月季""淡黄香水月季"。这些种类或品种在温度适合时，四季开花不断。

②早花种类与品种多。早花类的植物多在冬季或早春较低的温度条件下开花，这是一类培育低能耗花卉品种的重要基因资源与育种的材料，具有重要的经济价值。如早春开花的梅花、蜡梅、迎春樱、福建山樱花、玉兰等。

③珍稀黄色的种类与品种多。黄色种类或品种是培育黄色花系列品种的重要基因来源。很多植物的科或属缺少黄色的种，因此这些黄色的种和品种被世界视为极为珍贵的植物资源，而中国有着很多重要黄色基因资源，如中国的金花茶（及其相关的20余个黄色的山茶种类）。1965年在中国广西发现的金花茶曾轰动世界园艺界。现今存在的黄色山茶品种"黄河"就是从中国流入美国的。黄色的梅花"黄香梅"在我国宋代就已存在，是极为珍贵的品种，现在在我国的安徽仍有黄色的梅花品种。另外，大花黄牡丹为牡丹黄色品种的育种提供了基础。

④奇异类型与品种多。由于中国花卉栽培的历史达到数千年，花卉遗传多样性极为丰富，奇异品种多。主要表现在以下几点。

第一，变色类的品种。如月季品种"姣容三变"在我国1000多年前就已产生，该品种在一天之中有三种颜色的变化，从粉白色、粉红色至深红色。我国还有牡丹、木槿、荷花、石榴、扶桑、蜀葵等的变色品种。

第二，台阁类型品种。这类品种是花芽分化时产生的特殊变异类型，形成一花之中又完全包含一朵花的特征，形似亭台在花的中央。这类品种在梅花中较为丰富，比较著名的有"绿萼台阁""台阁宫粉"等。同样，牡丹、芍药、桃花、麦李等也有大量台阁品种。

第三，天然龙游品种。此类品种枝条自然曲折，我国此类观赏植物有龙游梅、龙游桃、龙游山桃、龙游桑、龙游槐等。

第四，枝条天然下垂的品种。如垂枝梅、垂枝樱、垂枝桃、垂枝榆、垂枝椴、垂枝槐等。

第五，微型与巨型种类与品种。微型的类型如微型月季、微球月季、小月季等株高仅10～20cm，四季开花、花开繁密，此类品种是现代微型月季品种群的主要亲本。荷花中的碗莲株高仅20cm左右，在一只普通的小碗中就能开花，是我国荷花中的珍品。此外还有微型杜鹃等种类和品种。高大植物如巨花蔷薇，其藤蔓可长达25m，花径12cm左右；又如大树杜鹃，株高达20多米，干茎达150cm等。这些种类和品种在现代月季和杜鹃品种群形成过程起到了重要作用。

第六，抗性强的种类和品种多。中国原产的很多花卉具有抗寒、抗旱、抗病、耐热、耐盐碱、适应性强等特性，这些种类对世界植物的育种及栽培起到了重要作用。如中国的榆树具有很强的抗荷兰腐烂病的能力，在美国榆树面临极为严重的腐烂病时，是用中国的榆树与美国的榆树进行杂交育种从而挽救了美国的榆树业。中国西藏原产及分布的光核桃具有花期晚、抗性强的特点，用它与美国的杏进行杂交能提高普通杏的抗性并能延期开花，使美国栽培的杏能避免晚霜的危害，避免了经济损失。

21. 花卉按气候型分类可以分为哪几类？

花卉按原产地气候类型可分为七类，分别是：中国气候型、欧洲气候型、地中海气候型、墨西哥气候型、热带气候型、沙漠气候型和寒带气候型。

22. 中国气候型的气候特点是什么？分布范围有哪些？主要花卉有哪些？

中国气候型的气候特点是冬冷夏热，降水多集中在夏季，特别是南方的台风季节，雨水丰富。

分布范围包括我国大部、日本、北美洲东部、巴西南部、大洋洲东南部、非洲东南部。

根据所处纬度的不同，中国气候型按冬季气温的高低又分为温暖型与冷凉型。

（1）温暖型

温暖型又称冬暖亚型，多分布于低纬度地区。包括我国长江以南、日本西南部、北美洲东南部、巴西南部、大洋洲东部及非洲东南角附近等地区。主要花卉有：我国及日本原产的中国水仙、中华石竹、蜀葵、报春花属、百合属、石蒜属、凤仙花属、山茶属、杜鹃属、南天竹属等；原产于北美洲的福禄考属、天人菊属、马利筋属、半边莲属、堆心菊属等；原产于巴西的一串红、马鞭草属、马齿苋属、矮牵牛属、叶子花属；原产于非洲的松叶菊、非洲菊属、唐菖蒲属、马蹄莲属等。

（2）冷凉型

冷凉型又称冬凉亚型，多分布于高纬度地区。包括我国华北及东北南部、日本东北部、北美洲东北部等地区。主要花卉有：我国原产的菊属、芍药属、翠菊属、荷包牡丹等；原产于北美洲的紫菀属、金光菊属、蛇鞭菊属、假龙头花属、吊钟柳属、醉鱼草属、翠雀属、毛茛属、铁线莲属、乌头属、侧金盏属、鸢尾属、百合属、木瓜属等。

23. 欧洲气候型的气候特点是什么？分布范围有哪些？主要花卉有哪些？

欧洲气候型的气候特点是冬暖夏凉，年温差较小，雨水四季都有，但降水偏少。

分布范围包括欧洲大部、北美洲西海岸、南美洲西南部及新西兰南部。

主要原产花卉有羽衣甘蓝、霞草、宿根亚麻、香葵、铃兰、飞燕草属、丝石竹属、耧斗菜属、剪秋罗属、勿忘草属、三色堇属、雏菊属、水仙属、紫罗兰属、洋地黄属等。

24. 地中海气候型的气候特点是什么？分布范围有哪些？主要花卉有哪些？

地中海气候型的气候特点为冬天不太冷、夏天不太热，冬季气温为5～10℃，夏季气温为20～25℃，冬季多雨，夏季干燥。

分布范围包括地中海沿岸、南非好望角附近、大洋洲东南和西南部、南美洲智利中部、北美洲加利福尼亚等地。

原产于该地区的球根花卉种类较多。代表种类有：水仙属、郁金香属、风信子属、小苍兰、唐菖蒲属、网球花、雪滴花、地中海蓝钟花、银莲花、仙客来属、君子兰属、秋水仙属、葡萄风信子属、尼润花属、金鱼草属、紫罗兰属、蒲包花属、金盏菊属、风铃草属、瓜叶菊属等众多著名花卉。

25. 墨西哥气候型的气候特点是什么？分布范围有哪些？主要花卉有哪些？

墨西哥气候型的气候特点是四季如春，年温差小，周年气温为14～17℃，日温差较大，四季有雨或集中于夏季。

分布范围包括墨西哥高原、南美洲安第斯山脉、非洲中部高山地区及我国云南的山岳地带。

原产于该地区的花卉喜冬暖夏凉气候，主要有大丽花属、晚香玉属、百日草属、万寿菊属、波斯菊、旱金莲、藿香蓟、报春花属、球根

秋海棠、一品红、云南山茶、月季花、香水月季、鸡蛋花等。

26. 热带气候型的气候特点是什么？分布范围有哪些？主要花卉有哪些？

热带气候型的气候特点是年温差和日温差小，雨量丰富但不均匀，常有雨季和旱季之分，

分布范围包括亚洲、非洲、大洋洲、中美洲及南美洲的热带地区。

原产于该地区的花卉种类众多，主要有彩叶草、牵牛花、秋海棠属、五叶地锦、番石榴、番荔枝、紫茉莉属、长春花属、凤仙花属、鸡冠花属、大岩桐属、美人蕉属、朱顶红属、非洲紫罗兰属、草胡椒属、虎尾兰属、花烛属、凤梨属、竹芋科、爵床科、大戟科、天南星科与兰科的一些热带属。

27. 沙漠气候型的气候特点是什么？分布范围有哪些？主要花卉有哪些？

沙漠气候型的气候特点是终年少雨，气候干旱。

属于本气候型的地区有阿拉伯半岛、非洲、大洋洲及南北美洲等地的沙漠地区。

此区域是仙人掌及多浆植物的自然分布中心。常见观赏植物有仙人掌科及多浆植物，如仙人掌属、龙舌兰属、芦荟属、十二卷属、伽蓝菜属、落地生根属等。

28. 寒带气候型的气候特点是什么？分布范围有哪些？主要花卉有哪些？

寒带气候型的气候特点是冬季漫长而寒冷，夏季短暂而凉爽，植物

生长期短。

属于这一气候型的地区包括寒带地区和高山地区。

此区域因其气候特点成为耐寒性植物及高山植物的分布中心，如绿绒蒿属、龙胆属、雪莲、细叶百合、点地梅属等。

29. 什么是品种？新花卉作物有何特点？

品种是在生产上推广利用的出于某一或某些专门目的而选择的，具有一致、稳定和明显区别的性状，而且经采用适当的方式繁殖后，这些性状仍能保持下来的一些植物的集合体；也是经过人工选育而形成种性基本一致，遗传比较稳定，具有人类需要的某些观赏性状或经济性状，作为特殊生产资料使用的栽培群体。

参照国际园艺学会的观点，新花卉作物具有以下特点：新发现的种或属；处于野生状态，尚未开发应用的种类；过去已有栽培，但长期被遗忘或没有详尽栽培资料，目前又重新发现和引种的花卉；在国外有栽培，但尚未引种到本国（或地区）栽培的花卉种类。

30. 什么是春化作用？春化作用对花卉生长发育有什么影响？

有些花卉在开花之前需要一定时期的低温刺激才能继续下一阶段的生长，这种需要低温阶段才能开花的现象称为春化作用。

春化低温对越冬植物成花有诱导和促进作用。如三色堇、雏菊、羽衣甘蓝等，一般于秋季萌发，经过一段营养生长后度过寒冬，于第二年春夏开花结实；如果于春季播种，则只长茎、叶而不开花，或开花时间大大延迟。春化作用对早春开花的花卉也有很好的促进作用，如梅花、蜡梅、迎春樱等。

第一章 花卉基础知识

花卉栽培知识200问

31. 什么是光周期现象？光周期现象对花卉生长发育有什么影响？

光周期现象是指生物对日照时数（白天和晚上交替变化）的反应和适应的现象，如植物开花结果、落叶及休眠，动物的繁殖、冬眠、迁徙和换毛换羽等，是由日照长短的规律性变化引起的生物反应。

光周期现象对花卉生长发育的影响表现在：影响植物的花芽分化，成花过程，分枝习性，块茎、球茎、块根等地下器官的形成，其他器官的衰老、脱落和休眠。

32. 什么是花卉的生长和发育？有何不同？

花卉的生长是指花卉植株体积的增大与重量的增加，发育则是花卉植株的器官和机能的形成与完善，表现为有顺序的质变过程。

花卉没有生长就没有发育，这是一般的规律。营养生长旺盛，叶面积大，光合产物多，花多而艳。相反，如果营养不良，叶面积小，则花器官发育不完全。

33. 什么是花芽分化？花芽分化有哪几种类型？

花芽分化是指叶芽的生理和组织状态向花芽的生理和组织状态转化的过程。

花芽分化可在高温或低温下进行，通常可分为五种类型，分别为夏秋分化类型，冬春分化类型，当年一次分化、一次开花类型，多次分化类型和不定期分化类型。

34. 什么是花园中心？花园中心是如何发展的？我国有哪些花园中心？

花园中心一词是由"garden center"直接翻译而来的，花园中心在国外是指以销售观赏植物和庭院园林相关用品为主要业务的零售型花卉商业企业，是一站式花卉园艺消费平台。

花园中心的商业形态，在美国、日本以及欧洲有几十年甚至上百年的历史。我国近些年发展起来的很多花卉市场、花鸟市场、苗木市场以及鲜花店、花艺店，虽然在经营的产品上与花园中心类似，但还是有许多区别。

(1) 英国的花园中心

英国的花园中心销售植物、堆肥、肥料、工具、园林产品、雕塑、室外家具以及庭院装饰品。有一些也销售宠物用品和小型宠物，如小猪、小兔、观赏鱼以及仓鼠。

英国有全国性和区域性的花园中心连锁企业。花园中心的连锁企业包括 Notcutts、Squires、Hillier 以及 Wyevale，B&Q 和 Homebase 也有花园中心。

花园中心的植物产品通常由苗圃企业或者专门的批发企业供应。

花园中心的业务高峰为 3—6 月的春季和 9—10 月的秋季。

花园中心比零售苗圃可以提供更多的产品和服务。花园中心除提供庭院用品外，还提供休闲用具、宠物用品、礼品以及室内用品。大多数花园中心还有餐饮和咖啡。

(2) 美国的花园中心

美国的花园中心销售的产品包括一年生和多年生花卉、乔木和灌木、组合盆栽、吊篮、室内植物、水景植物、种子、球根、盆栽介质、土壤改良剂、园林覆盖物、肥料、农药、陶器、庭院工具和用品、喷泉、庭院装饰物。

许多美国的花园中心还有其他种类的产品，如野鸟喂食器、装饰花卉、礼品、室外家具、烧烤用具、室内装饰品、庭院设计服务、园林养

第一章 花卉基础知识

护服务以及宠物用品。大多数花园中心在圣诞节期间还会准备很多可作为圣诞礼物的商品。有些花园中心还有小餐厅或者咖啡吧，但不像在欧洲的花园中心的餐馆。

美国最大的两家家庭用品商店 The U. S. Lowe's 和 The Home Depot 也将他们的庭院产品部门称作花园中心。

（3）中国的花园中心

我国的花园中心历史比较短，将国外成熟的花园中心的商业模式引进也是近几年的事。2010 年浙江虹越花卉股份有限公司在海宁开设首家虹越·园艺家——海宁金筑园店（花园中心），标志着花园中心这种一站式花卉园艺消费平台模式开始在我国发展。虹越后来陆续在全国开设多家连锁店或进入大型超市平台，2018 年世界花园大会在海宁召开，并将永久落户海宁，拓展花园中心展示平台，对标国际先进园艺生产和营销。杭州赛石园林有限公司在杭州城西着手打造"花园中心"。杭州园林绿化工程有限公司在临安打造了"画境-青山湖花园中心"。浙江森禾种业在余杭径山打造花园中心（示范基地）。

35. 什么是花卉文化？我国的花卉文化有哪些表现形式？

花卉文化是人们在社会发展过程中以花卉为对象或主题创造的物质财富和精神财富的总称。花卉文化的内涵通过花卉生产、花卉应用、诗词、绘画、书法、文学、艺术、建筑、摄影、造园工艺、神话传说、花事活动、科学技术、宗教以及文人墨客逸事等多层面表现出来。人们通过对花卉的欣赏、拟人化描述及以花卉为主题的跨时空的联想，来阐述对社会、人生和整个世界的看法或个人的政治观点及道德价值取向。

中国的花卉文化源远流长，赏花方法以及由此衍生的表现形式也各不相同，有人喜欢通过吟诗、填词、作曲、绘画等方式直抒胸臆，也有人喜欢借花明志，以物传情。

36. 我国花卉文化的发展过程是怎样的?

花卉的栽培历史也是花卉文化的发展历史。从古至今,我国花卉文化发展经历了以下 10 个过程。

(1) 萌芽期

3000 年前的新石器后期,人们开始有了初步的花卉栽培与应用。

(2) 初始期

2000~3000 年前的春秋战国与秦末时期,由于中国社会的变革和经济的发展,社会分工不断扩大,各种手工业生产、青铜冶铸、丝织工艺得以发展,人们开始注意各种花草树木并开始引种、栽培和应用。

(3) 渐盛期

1500~2000 年前,魏晋南北朝是中国历史上一个动荡的时代,也是佛教传入中国的时期。中国与西方各国频繁交流,促进了我国寺庙园林和花卉的发展。

(4) 兴盛期

800~1500 年前的隋唐宋时期,中国在经济和文化方面有了飞跃的发展。这时候的园林花卉业也受益于此而得到飞速发展。

(5) 滞缓期

600~700 年前的元代,由于社会不稳定,充满战乱,花卉行业的发展受到了抑制。

(6) 发展期

150~600 年前的明清时期,中国国力强盛,花卉业有了新的发展,各类相关文献层出不穷,例如王象晋的《群芳谱》和陈淏子的《花境》等。

(7) 萧条期

清末至 1949 年,由于侵略者的入侵,国家民不聊生,花卉行业遭受了空前的打击。

(8) 恢复期

1949 年至 1965 年,国家逐渐稳定,花卉行业在国家发展建设中取得稳步发展。

（9）受挫期

1966—1976 年，由于受"文化大革命"影响，花卉文化的发展受到了阻碍。

（10）繁荣期

改革开放以来，受益于国家的政策，花卉行业逐渐兴盛起来并将发挥越来越重要的作用。

第二章
花卉栽培与养护技术

> 本章主要介绍花卉繁殖、栽培和养护管理基本技术，是本书的核心内容。

37. 花卉栽培需要哪些设施？

花卉栽培常用的设施有温室、塑料大棚、冷床、温床、荫棚、风障机械化及自动化设备、各种机具和容器等。其中温室和塑料大棚是花卉栽培最主要的设施。

38. 花卉栽培常用的盆器有哪些？

花卉栽培常用的盆器按材质不同有土质（瓦盆）、塑料、木质、玻璃、石质、无纺布、纸质以及其他种类。以土质为主要材质的盆器有素烧盆、陶瓷盆、紫砂盆、套盆等；以塑料为主要材质的盆器有硬质塑胶盆、软质塑胶盆（营养钵）、发泡盆、加仑盆等；以木质为主要材质的盆器有木盆和木桶等；以玻璃为主要材质的盆器有玻璃钢花钵、造型玻璃瓶等；以石质为主要材质的盆器有石盆、石槽等；以无纺布为主要材质的盆器有美植袋等；以纸质为主要材质的盆器有纸钵等；其他还有水养盆和兰盆等。

39. 花卉栽培常用的培养土有哪些？培养土如何配制？

花卉栽培常用的培养土有园土、厩肥土、黄沙、细沙、腐叶土、堆肥土、塘泥、山泥、泥炭土、松针土、草皮土、沼泽土等。常用培养土成分及配置比例如表2所示。

表2　常用培养土成分及配置比例

培养土成分	比例	适宜的花卉种类
园土＋腐叶土＋黄沙＋骨粉	6∶8∶6∶1	通用
泥炭＋黄沙＋骨粉	12∶8∶1	通用
腐叶土（或堆肥土）＋园土＋砻糠灰	2∶3∶1	凤仙花、鸡冠花、一串红等
堆肥土＋园土	1∶1	蔷薇类及一般花木类
堆肥土＋园土＋草木灰＋细沙	2∶2∶1∶1	菊花及一般宿根花卉
腐叶土＋园土＋黄沙	2∶1∶1	多浆植物
腐叶土加少量黄沙	—	山茶、杜鹃、秋海棠类、地生兰类、八仙花等
水藓、椰子纤维或木炭块	—	气生兰类

40. 花卉栽培常用的培养土如何消毒？

为了防止土壤中存在的病毒、真菌、细菌、线虫等的危害，应对花木栽培土壤进行消毒处理。土壤的消毒方法很多，可根据设备条件和需要来选择。

（1）物理消毒法

一是蒸汽消毒，即将100～120℃的蒸汽通入土壤中，消毒40～60min，或将70℃的水蒸气通入土壤处理1h，可以消灭土壤中的病菌。

蒸汽消毒对设备、设施要求较高。二是日光消毒，当对土壤消毒要求不高时，可用日光暴晒的方法来消毒，尤其是夏季，将土壤翻晒，可有效杀死大部分病原菌、虫卵等。在温室中将土壤翻新后灌满水再暴晒，效果更好。三是直接加热消毒，少量培养土可用砂锅翻炒法杀死有害病虫，将培养土在 120℃ 以上的铁锅中不断翻动，30min 后即达到消毒目的。

（2）化学药剂法

化学药剂消毒有操作方便、效果好的特点，但因成本高，有不良反应，影响环境，只能小面积使用，常用的药剂有福尔马林溶液、溴甲烷等。具体方法如下：浓度为 40% 的福尔马林 500ml/m³ 均匀浇灌，并用薄膜盖严，密闭 1～2d，揭开后翻凉 7～10d，在福尔马林挥发后使用；也可用稀释 50 倍的福尔马林溶液均匀泼洒在翻凉的土面上，使表面淋湿，用量为 20kg/m²，然后密闭 3～6d，再晾 10～15d 即可使用。

溴甲烷用于土壤消毒效果很好，但因其有剧毒，而且是致癌物质，所以近年来已不提倡使用，只在特殊实验研究中使用。许多国家在开发溴甲烷的替代物，已有一些新的药剂问世，但作用效果都不及溴甲烷。

41. 花卉栽培常用的栽培基质有哪些？在栽培时如何配比？

花卉栽培常用的栽培基质有：蛭石、珍珠岩、陶粒、椰壳、干苔藓、木屑、松磷（树皮）、沙、石砾、岩棉、泡沫塑料等。

上海市园林科学研究所推荐使用的一些栽培基质配方。

（1）育苗基质：泥炭：砻糠灰为 1：2 或泥炭：珍珠岩：蛭石为 1：1：1。

（2）扦插基质：珍珠岩：蛭石：黄沙为 1：1：1。

（3）盆栽基质：腐烂木屑：泥炭为 1：1，或壤土：泥炭：砻糠灰为 1：1：1，或腐烂木屑：腐烂醋渣为 1：1。

一般花卉生产经营者使用的一些栽培基质配方。

（1）育苗基质：腐叶土：园土为 1：1，另加少量厩肥和黄沙。

（2）扦插基质：黄沙或砻糠灰。

（3）盆栽基质：腐叶土：园土：厩肥为 2：3：1。

（4）耐阴植物基质：园土：厩肥：腐叶土：砻糠灰为 4：2：1：1。

（5）多浆植物基质：黄沙：园土：腐叶土为 1：1：2。

（6）杜鹃类基质：腐叶土：垃圾土（偏酸性）为 4：1。

42. 花卉栽培的主要过程包括哪些？

花卉盆栽的主要过程包括选择花盆、起苗或脱盆、培养土配置、培养土和花盆消毒、上盆、施肥、浇水、养护等。

花卉露地栽培的主要过程包括整地作畦、播种、灌溉、移苗与分苗、定植、施肥、中耕除草、病虫害防治、修剪与造型、防寒越冬、防暑越夏、轮作等。

43. 一、二年生花卉栽培对环境有何要求？

一、二年生花卉的种子应在低温、干燥条件下贮藏，尤忌高温高湿，以密闭、冷凉、黑暗的环境为宜。

一、二年生花卉多采用播种繁殖，应选择阳光充足、土壤肥沃、空气流通、浇排水方便、交通方便的地方进行生产。

一、二年生花卉通过播种或自播于苗床中，等种子萌发后，仅施稀薄液肥。一、二年生花卉根系浅，要及时浇水，但要控制水量，水多则会导致根系发育不良并易引起病害。苗期或刚移栽的应适当避免阳光直射，等恢复后全光照更好。

44. 水生花卉栽培对环境有何要求？

栽培水生花卉的水池应具有丰富、肥沃的塘泥，并且要求土质黏重。盆栽水生花卉的土壤必须是富含腐殖质的黏土，栽培用的缸尽量选择大一些的。

水生花卉喜肥，一旦定植，追肥比较困难，因此，需在栽植前在水池中种植区域或水缸内施足基肥。栽植过水生花卉的池塘一般已有腐殖质的沉淀，视其肥沃程度确定施肥多少，新开挖的池塘必须在栽植前加入塘泥并施入大量的有机肥料，否则会影响水生花卉的生长和开花。

水生花卉喜光，适宜栽培或摆放在光照充足的环境中。

应针对各种水生花卉对温度的不同要求而采取相应的栽植和管理措施，多数水生花卉喜欢在高温条件下生长。

45. 多肉植物栽培对环境有何要求？

多肉植物原产地气候、土壤条件等十分多样，因而它们对于生态因子的要求也各有差异，主要有以下四个方面。

（1）温度

根据多肉植物种类对温度的不同要求，具体可将其归纳为三种类型。

夏型种：温度相对较高时生长的一类多肉植物，栽培上统称为"夏型种"。这类植物包括大多数陆生类型的仙人掌类、龙舌兰类、大戟科的麻风树属、单腺戟属部分种类、龙树科、夹竹桃科部分种类等。它们的生长期为春至秋季，冬季低于 10℃ 时呈休眠状态或生长停滞，夏季只要气温不持续超过 35℃，生长良好。菠萝球属种类大多不畏热，而同样具疣状突起的乳突球属在酷暑期生长停滞，但它的生长仍需较高温度。

冬型种：生长季节为秋季至翌年春季，夏季明显休眠的一类多肉植物，栽培上统称为"冬型种"。这类植物包括番杏科肉质化程度较高的大部分小型种类（包括生石花属、肉锥花属、虾钳花属、对叶花属等）。由于它们冬季继续生长，对环境较敏感，因此非常不耐寒。而在夏季，它们要求在凉爽通风的环境下休眠，故在我国大部分地区高温闷湿的夏季，损坏率很高。

中间型：指以上两类之外的多肉植物，它们的生长期主要是春季和秋季。夏季高温期生长停滞，但只要栽培措施较好，损坏率不高。冬季没有明显的生长但也不像冬季休眠的种类那样落叶或球体萎缩，比"冬型种"耐寒。

所有的多肉植物在生长旺盛期都喜欢较大的昼夜温差，即在适当的范围内，白天使栽培场所维持较高的温度，而晚上尽可能地降低温度。

（2）光照

绝大部分多肉植物对光照的要求都比较高，仅部分附生类型的仙人掌类和百合科十二卷属种类能忍受较弱的光照。

通常在修根翻盆后、引进植物的服盆阶段、嫁接苗的愈合期等，光线都应柔和。夏季休眠的植物应控制光照，相反冬季休眠的植物应多见阳光。所有植物都应避免光线的剧烈变化，在阴处放久了的植物就不能一下子暴晒在阳光下。一般放置于居室内的植株，光线通常是斜射的，最好不要突然转向。

（3）水分与空气相对湿度

多肉植物补充水分应根据植株本身的大小、生长发育情况、栽培环境等因素来合理进行。多肉植物的浇水，首先要掌握的是区别生长期和休眠期，生长期多浇，休眠期少浇或不浇。其次，根据植物不同的生长发育阶段，种子萌发和小苗阶段需水较多，盆土要经常保持湿润，孕蕾开花期也需水较多，而一些生长已基本停滞的大球在不开花阶段需水就较少。

空气相对湿度对多肉植物的生长发育也很重要。较高的空气相对湿度能推迟植株表皮的老化，使其保持光亮鲜润。在小苗阶段，空气相对湿度可适当高一些，但成年植株的栽培场所空气相对湿度就不能太高。生石花等夏季休眠的种类，在夏季空气相对湿度尤其不能太高，否则即使盆内控制水分也可能受损。

（4）空气

植物的生长发育离不开新鲜的空气。多肉植物的原产地，大多是没有污染、空气非常新鲜的山区或海边，因此在习性上，多肉植物喜欢流动的空气。

46. 兰花栽培对环境有何要求？

兰花栽培对环境的要求如下。

（1）光照

原则上光照必须充足而不过量，兰株才能健壮生长，茎干结实，开花鲜艳，不易引起病虫害。春兰、蕙兰、建兰和墨兰能在全光照条件下生长，但不宜强光照射，若能适当庇荫生长更易管理。蝴蝶兰、文心兰、石斛兰和兜兰应在遮阳60％～70％的荫棚下种植，如果种植小苗，最好要盖2层遮阳网，这样才能达到最佳的光照效果。

（2）通风

空气流通是养兰花的重要条件，只有流动的空气，才能促进兰株细胞的新陈代谢，增强养分的制造能力。农村的空气流动性好，相对来说更适宜种植兰花。

（3）温度

兰花的生长受温度影响很大，适宜的温度为20～30℃。地生兰类对温度要求较宽，低些或高些均可，耐寒性较强，如春兰、墨兰、蕙兰等；而附生兰类一般喜欢较高温度，耐寒性差，如石斛兰、兜兰、卡特兰等，喜高温、高湿，温度高达30～35℃时也能正常生长。除用遮阳网遮去部分阳光外，夏天气温较高时可在地面储水和洒水或在四周种植花草、树木，以达到降温的目的。

（4）湿度

兰花喜欢在通风良好、湿度较高的环境中生长。兰棚可采用泥土地面，经常洒水或喷雾以增加空气的湿度，一般空气相对湿度达70％～85％时为宜。

47. 室内观叶植物栽培对环境有何要求？

室内观叶植物对环境的要求如下。

（1）温度

室内观叶植物一般都是产自热带和亚热带，所以它的适宜温度一般在18～30℃。根据观叶植物种类的不同，其适宜温度也多少有些差别。针对观叶植物，冬季的温度一定要控制好，因为冬季温度达不到要求会抑制观叶植物的生长，严重时甚至会影响其生存。而在夏季，温度也不宜过高，应避免在阳光下直晒。最好是放置于阴凉通风处，这样可以保证其生长。

（2）湿度

根据室内观叶植物的品种不同，其对空气中湿度的要求也不相同，所以要对自己栽培的观叶植物有详细的了解，才能够给予其最好的栽培条件。比如说，对于苏铁来说，40％～50％的相对湿度是适宜的，但是对于蕨类植物则应满足60％以上的相对湿度。

（3）光照

在一般情况下，室内观叶植物由于其原始的生存环境，它最佳的光照条件应该是半阴的环境。但是，这也要根据不同品种、不同类型而做出相应的改变。有个别室内观叶植物是喜阳的，那么就要给予足够的光照，有的室内观叶植物是完全喜阴的，那么就要遮蔽光照。

48. 花卉播种后如何管理？

花卉播种后要及时做好防护工作，要及时浇水，保证土壤和空气的一定湿度，要接受足够的阳光，保证幼苗的健康成长。光照不足会长成节间稀疏的细长弱苗，故间苗要及时，过密者分2～3次间苗。播种基质肥力低，苗期宜每周1次用低浓度的完全肥料进行追肥，总浓度以不超过0.25％为安全。移栽前后炼苗，在移栽前几天降低土壤温度，最好使温度比发芽温度低3℃左右。移栽后要按时浇水，适当庇荫5～7d，有利于小苗恢复，再转入正常生长。

49. 花卉播种后何时分苗和移栽？

花卉播种后，种子开始萌发，等长出 2 片真叶时可进行第 1 次分苗，等长出 4～6 片真叶时再进行第 2 次分苗，一般可进行 2～3 次分苗后再定植。定植是花卉的最后一次移植，定植是指将育好的花苗移栽于生产田中的过程，植株将从定植生长到收获结束。而将花苗从一个苗圃移栽于另一个苗圃，称之为移植或假植。

移栽适期因植物而异，一般在幼苗具 2～4 片展开的真叶时进行，苗太小时操作不便，过大又伤根太多。大口径容器培育苗带土移栽，可考虑其他因素来确定移栽时期。阴天或雨后空气湿度高时移栽，成活率高，以清晨或傍晚移苗最好，忌晴天中午移栽。

起苗前半天，苗床浇 1 次透水，使幼苗吸足水分更适移栽。移栽后常采用遮阴、中午喷水等措施保证幼苗不萎蔫，有利于成活及快速成长。

50. 花卉扦插繁殖时基质如何准备？

家庭养花时，掌握花卉的繁殖技术不仅可以延续花卉后代，还可增加品种、数量。扦插随时都可以进行，但以早春和夏末气温较易控制的季节生根较快，最佳温度在 20～25℃。扦插基质，以排水和通气均良好的粗沙为适宜，并要用 500～1000 倍多菌灵液或 100 倍的高锰酸钾液消毒。

扦插基质常用的有清水沙、蛭石、珍珠岩、泥炭、岩棉、陶粒，以清水沙、蛭石和泥炭为好，或者将清水沙和蛭石、珍珠岩等按一定比例混合。

51. 花卉扦插繁殖后如何管理？

花卉扦插繁殖后的管理方法如下。

第二章　花卉栽培与养护技术

花卉栽培知识200问

硬枝扦插的插条多粗大坚实，一般在露地畦面按一定距离开沟或打孔扦插。带叶的各种扦插苗插条较细软，多在苗床上按等距离作孔扦插。插后注意管理，插条生根前要调节好光照、温度和水分等条件，促使尽快生根，其中以保持较高空气湿度不使其萎蔫为最重要。落叶树的硬枝扦插不带叶片，茎已具有次生保护组织，故不易失水干枯，一般不需特殊管理。

根插的插条全部或几乎全部埋入土中，这样不易失水干燥，管理也较容易。多浆植物和仙人掌类的插条内含水分高，蒸腾少，本身是旱生类型，保温比保湿更重要。带有叶的各类扦插，由于枝梢幼嫩，失水快，相应的需加强管理。少量的插条可插于花盆或木箱中，上覆玻璃或薄膜，避免日光直射，经常注意通风与保湿；也可用一条宽约30cm的薄膜，长度按需要而定，对折放于平台上，中间夹入苔藓作保湿材料。将处理好的插条基部逐一埋入苔藓后，从一端开始卷成一圆柱体，然后直立放于冷凉湿润处或放在花盆或其他容器内，上方加盖玻璃或薄膜保湿，生根后再及时分栽。

间歇喷雾法是当今世界上使用广泛的有效的方法，它既保持了周围空气的高温湿度，又能使叶片有一层水膜降低了温度与呼吸作用，使集积的物质较多，有利于生根。目前使用的方法是夜间停止喷雾，白天依气候变化做间歇喷雾，以保持叶面的水膜存在。无间歇喷雾装置时，改用薄膜覆盖保湿，在不太热的气候条件下效果也很好。在强光与高温条件下应在上方遮阴，午间注意通风、喷水降温。

52. 花卉扦插苗如何移栽？

花卉扦插苗在喷雾或覆盖下生根后常较柔嫩，移栽于较干燥或较少保护的环境前，应逐渐减少喷雾次数或逐渐去掉覆膜并减少供水，加强通风与光照，使幼苗得到锻炼后再移栽。移栽最好能带土，防止伤根。不带土的苗，需放于阴凉处多喷水保湿，以防萎蔫。

对不同的扦插苗要分别对待。草本扦插苗生根后生长迅速，可以当年形成产品，故生根后要及时移栽；叶插苗初期生长缓慢，待苗长到一定大小时才宜于移栽。软枝扦插和半硬枝扦插苗应根据扦插的迟早、生根的快慢及生长情况来确定移栽时间，以在扦插苗不定根已长出足够的侧根、根群密集而又不太长时为最好，不宜在新梢旺长时移栽。生根及生长快的种类可在当年休眠期前进行；扦插迟、生根晚及不耐寒的种类，如山茶、米兰、茉莉、扶桑等最好在苗床上越冬，次年再移栽。硬枝扦插的落叶树种生长快，1 年即可长成商品苗，在入冬落叶后的休眠期移栽。常绿针叶树生长慢，需在苗圃中培育 2～3 年，待有较发达的根系后于晚秋或早春带土移栽。

由于各种原因，已采下而不能及时扦插的插条、已掘起又不能立即栽植的扦插苗，某些种类可冷藏一段时间。如菊花的插条用聚乙烯膜封好，在 0～3℃下贮藏 4 周再扦插，不影响成活。菊花已生根的扦插苗在 0℃下贮存 1～2 周，香石竹苗在 −0.5℃下贮藏几周，均不受影响。

53. 花卉嫁接繁殖有何要求？有哪些常用方法？嫁接后如何管理？

（1）花卉嫁接繁殖要求

内因方面：砧木和接穗间有比较好的亲缘关系；砧木和接穗间的亲和性要高；接穗以一年生的壮实枝梢为好；接穗以树体的中上部为好。

外因方面：多数植物生长适宜温度为 18～23℃，也是嫁接适宜的温度；在嫁接愈合的全过程中，要保持嫁接口的较高湿度；需要有充足的氧气；避免接口感染；选择合适的嫁接时间和成熟的嫁接操作技术。

（2）嫁接的方法

嫁接的方法多种多样，因植物种类、砧木和接穗情况等不同而异。依砧木和接穗的来源性质不同嫁接可分为枝接、芽接、根接、靠接和插条接等多种。依嫁接口的部位不同嫁接又可分为根颈接、高接和桥接等几种。

（3）接后管理

①保护好接口。可采用套袋、遮阴、涂蜡、塑料条缠缚等措施，防

止接口和接穗失水，防止接口感染，影响愈合成活。

②及时剪砧。早春芽接的，在嫁接时或在接芽成活后剪砧，可刺激接芽萌发。夏秋芽接的，翌春剪砧，有利于越冬。属枝接的，如采用劈接、切接、插皮接，则在嫁接时断砧；如采用切腹接、插皮腹接，当时可不剪砧，嫁接成活后再剪。

③松绑。嫁接成活一段时间后，要解松捆扎的塑料袋，以免阻碍接穗生长，但要松而不弃，以防止刮风或人畜撞坏。待接芽与砧木完全愈合后再解除塑料袋。

④除萌。嫁接成活后，将砧木上的萌芽全部摘除，以促进新梢生长。

⑤补接。嫁接未成功的，要及时补接。

⑥土肥水管理。嫁接成活后，要根据苗木长势及时追肥，适时除草，干旱时及时灌水，渍水时及时排水。

54. 花卉压条繁殖有何要求？有哪些常用方法？

花卉压条繁殖要求依花卉种类而不同，一般落叶树适宜在秋季或早春压条，常绿阔叶树及宿根花卉则适宜在梅雨季节压条。取条应根据不同的压条方法进行选择，堆土压条对枝条不需选择，其他压条方法均需选择老熟而健壮的枝条，并要有饱满的芽，还需选择适当部位。曲枝压条要选近地面能弯曲的枝条，高空压条要取适中的部位。各种压条方法，均需取用当年生的枝条或植株旁的萌蘖条，压条数量不宜超过母株枝条的1/2，否则影响母株正常生长。

除了一些很容易产生不定根的种类，如葡萄、常春藤等，不需要进行压条前处理外，大多数植物为了促进压条繁殖的生根，压条前一般在芽或枝的下方发根部分进行适当创伤处理后，再将处理部分埋压于事先配好的基质中。

花卉压条繁殖常用的方法有：空中压条、埋土压条、单枝压条、波状压条等。

55. 花卉分株繁殖有何要求？哪些花卉适合分株繁殖？分株依萌发枝的不同来源可分为哪几类？

(1) 花卉分株繁殖的要求

①分株时间

落叶花木类的分株繁殖宜在休眠期进行，南方可在秋季落叶后进行，北方宜在开春土壤解冻而尚未萌芽前进行；常绿花木类的分株繁殖，南方多在冬季或早春进行，北方多在春季出室前后进行。

②分株方法

露地花木在分株前将母株株丛从圃地里掘出（尽量多带须根），然后将整个株丛用利刀分劈成几丛，每丛带有 3～5 个枝芽和较多的根系。一些萌蘖力很强的花灌木和藤本植物，在母株的四周常萌发出许多幼小的株丛，在分株时则不必挖掘母株，只挖掘分蘖苗另行栽植即可。

盆栽花卉分株前先把母株从盆内脱出，抖掉大部分泥土，找出每个萌蘖根系的延伸方向，把盘结在一起的团根分开，然后用利刀把分蘖苗和母株连接的根颈部分割开，割后立即上盆栽植。

分株后及时浇水，浇水后放萌棚下养护一段时间，具体时间依植物而异。分株时间一般结合春季换盆时或秋季换盆时进行。

(2) 适合分株繁殖的花卉

花卉分株繁殖是将植物带根的株丛分割成多株的繁殖方法。操作方法简便可靠，新个体成活率高，适于易从基部产生丛生枝的花卉植物。常见的多年生宿根花卉如兰花、芍药、菊花、麦冬、萱草属、玉簪属、蜘蛛抱蛋属等，木本花卉如牡丹、木瓜、蜡梅、绣球、紫荆和棕竹等均可用此法繁殖。

(3) 分株繁殖的种类

分株繁殖依萌发枝的不同来源可分为以下几类。

①分短匍匐茎

短匍匐茎是侧枝或枝条的一种特殊变态，多年生单子叶植物茎的侧枝上的萌蘖枝就属于这一类，在禾本科、百合科、莎草科、芭蕉科、棕

桐科中普遍存在。如竹类、天门冬属、吉祥草、沿阶草、麦冬、万年青、蜘蛛抱蛋属、水塔花属和棕竹等均常用短匍匐茎分株繁殖。

②分根蘖

由根上不定芽产生萌生枝，如凤梨、红杉和刺槐等。凤梨虽也是用萌蘖枝繁殖，但生产上常称之为根蘖或根出条。

③分根颈

由茎与根接处产生分枝，草本植物的根颈是植物每年生长新条的部分，如八仙花、荷兰菊、玉簪、紫萼和萱草等，单子叶植物更为常见。木本植物的根颈产生于根与茎的过渡处，如樱桃、蜡梅、木绣球、夹竹桃、紫荆、结香、棣棠、麻叶绣球等。此外，根颈分枝常有一段很短的匍匐茎，故有时很难与短匍匐茎区分。

④其他分株法

其他分株法还有分株芽法，如卷丹、观赏葱等；分走茎法，如吊兰、虎耳草、狗牙根、野牛草等。

56. 花卉日常养护过程中如何浇水？

花卉日常养护过程中依花卉的不同生育阶段进行科学浇水，浇水是花卉生长过程中最常见的管理措施，要因时、因地和因花卉而进行。

(1) 浇水的方法

盆栽花卉通常用测土湿的方法来确定是否浇水或浇多少水，可用食指按压盆土，如下陷达1cm说明盆土湿度是适宜的。搬动一下花盆如已变轻或是用木棒敲盆边声音清脆等说明需要浇水了。根据盆栽植物自身的生物学特性，对不同的植物应采用不同的浇水方法。

①滴灌

滴灌将水直接送入盆内，使根系最先接触和吸收水分，是盆花最常用的浇水方式。

②浸盆法

此法多用于播种育苗与移栽上盆期。先将盆坐入水中，让水沿盆底孔慢慢地由下而上渗入，直到盆土表面见湿时，再将盆由水中取出。这种方法既能使土壤吸收充足水分，又能防止盆土表层发生板结，也不会因直接浇水而将种子、幼苗冲出。此法可视天气或土壤情况每隔 2～3d 进行 1 次。

③喷壶洒水法

此法洒水均匀，容易控制水量，能按植物的实际需要有计划地给水。用喷壶洒水第 1 次要浇足，看到盆底孔有水渗出为止。此法不仅可以降低温度，提高空气相对湿度，还可清洗叶面上的尘埃，提高植物光合效率。

④细孔喷雾法

此法利用细孔喷壶使水滴变成雾状喷洒在叶面上，有利于空气湿度的增加，又可清洗叶面上的粉尘，还能防暑降温，对一些扦插苗、新上盆的植物或树桩盆景都是一种行之有效的浇水方法。

（2）浇水时间

以水温与气温最为接近为好，夏季以清晨和傍晚浇水为宜，冬季在午后为宜，土壤温度情况会直接影响根系的吸水。因此浇水的温度应与空气温度和土壤湿度相适应，如果土温较高、水温过低，就会影响根系的吸水而使植物萎蔫。

浇水的原则应为"不干不浇，浇则浇透"：首先，干是指盆土含水量到达再不浇水植物就濒临萎蔫的程度；其次，浇水要浇透，如遇土壤过干应间隔 10min，分数次浇水，或以浸盆法灌水。为了救活极端缺水的花卉，常将盆花放置阴凉处，先浇少量水，后逐渐增加，待其恢复生机后再行大量浇水。有时为了抑制花卉的生长，当出现萎蔫时再浇水，这样反复处理数次，破坏其生长点，以促其形成枝矮花繁的观赏效果。

总之，花卉浇水需要掌握一些行之有效的经验：气温高、风大多浇水，阴天、天气凉爽少浇水；生长期多浇水，开花期少浇水，防止花朵过早凋谢；结实（种子）期尽量不浇水；休眠期多不浇水；冬季少浇水，避免把花冻死或浸死。

57. 花卉日常养护过程中如何施肥？

盆栽花卉生活在有限的基质中，因此所需要的营养物质要不断补充。施肥分基肥和追肥。常用基肥主要有饼肥、牛粪、鸡粪、蹄片和羊角等，基肥施入量不要超过盆土总量的 20％，与培养土混合均匀施入，蹄片分解较慢，可放于盆底或盆土四周。追肥以薄肥勤施为原则，通常以沤制好的饼肥、油渣为主，也可用化肥或微量元素追施或叶面喷施。叶面喷施时有机液肥的浓度不宜超过 5％，化肥的施用浓度一般不超过 0.3％，微量元素浓度不超过 0.05％。根外追肥不要在低温时进行，应在中午前后喷洒。叶子的气孔背面多于正面，背面吸肥力强，所以喷肥应多在叶背面进行。同时应注意液肥的浓度要控制在较低的范围内。

一、二年生花卉，除豆科植物可较少施用氮肥外，其他均需一定量的氮肥和磷、钾肥。宿根花卉和花木类根据开花次数进行施肥：一年多次开花的如月季花、香石竹等，花前花后应施重肥；喜肥的花卉如大岩桐，每次灌水应酌情加少量肥料；生长缓慢的花卉每隔 2 周施 1 次肥即可，生长更慢的 1 个月 1 次即可。球根花卉如百合类、郁金香类等嗜肥，特别宜多施钾肥。观叶植物在生长季中以施氮肥为主，每隔 6～15d 追肥 1 次。

在温暖的生长季节，施肥次数多些，天气寒冷而室温不高时可以少施。在较高温度的温室中，植株生长旺盛，施肥次数可多些。

与露地花卉相同，盆栽花卉施肥同样需要了解盆栽植物不同种类的养分含量、花卉的需肥特性、不同类型花卉需要的营养元素之间的比例。

盆栽施肥的注意事项：应根据种类、观赏目的、不同的生长发育时期灵活掌握。苗期主要是营养生长，需要氮肥较多；花芽分化和育蕾阶段需要较多的磷肥和钾肥。观叶植物不能缺氮，观茎植物不能缺钾，观花和观果植物不能缺磷。肥料应多种配合施用，避免发生缺素症。有机肥应充分腐熟，以免产生热和有害气体伤苗。肥料浓度不能太大，以少量多次为原则，积肥与培养土的比例不要超过 1：4。无机肥料的酸碱度和 EC 值（可溶性离子浓度）要适合花卉的要求。

58. 花卉日常养护过程中如何修剪与造型？

花卉的修剪与造型可分为整枝、绑扎与支架、剪枝、摘心与抹芽四种类型。

(1) 整枝

整枝的形式多种多样，主要有两种形式：一是自然式，着重保持植物的自然姿态，仅对交叉、重叠、丛生、徒长枝梢加控制，使其更加完美；二是规划式，依人们的喜爱和情趣，利用植物的生长习性，经修剪整形做成各种象形的姿态，达到寓于自然、高于自然的艺术境界。在确定整枝形式前，必须对植物的特性有充分了解。枝条纤细且柔韧性较好者，可整成镜面形、牌坊形、圆盘形或"S"形等，如常春藤、三角花、藤本天竺葵、文竹、令箭荷花、结香等。枝条较硬者，宜做成云片形或各种动物造型，如蜡梅、一品红等。整形的植物应随时修剪，以保持其优美的姿态。在实际操作中，两种整枝方式很难截然分开，大部分盆栽花卉的整枝方式是两者结合。

(2) 绑扎与支架

盆栽花卉中有的茎枝纤细柔长，有的为攀缘植物，有的为了整齐美观，有的为了做成扎景，常设支架或支柱，同时进行绑扎。花枝细小的如小苍兰、香石竹等常设支柱或支撑网；攀缘性植物如香豌豆、球兰等常扎成屏风形或圆球形支架，使枝条盘曲其上，以利于通风透光和便于观赏。我国传统名花菊花，盆栽中常设支架或制成扎景，形式多样，引人入胜。

支架常用的材料有竹类、芦苇以及紫穗槐等。绑扎常用棕线、棕丝或是其他具韧性又耐腐烂的材料。

(3) 剪枝

剪枝包括疏剪和短截两种类型。疏剪指将枝条自基部完全剪除，主要是一些病虫枝、枯枝、重叠枝、细弱枝等。短截指将枝条先端剪去一部分，剪时要充分了解植物的开花习性，注意留芽的方向。在当年生枝条上开花的花卉种类，如扶桑、倒挂金钟、叶子花等，应在春季修剪，而一些在二年生枝条上开花的花卉种类，如山茶、杜鹃等，宜在花后短截枝条，使其形成更多的侧枝。留芽的方向要根据生出枝条的方向来确定：要其向上生长时，留内侧芽；要其向外倾斜生长时，留外侧芽。修剪时应使剪口呈一斜面，芽在剪口的对面，距剪口斜面顶部 1～2cm 为宜。

花卉移栽或换盆时如伤及根部，伤口应进行修剪。修根常与换盆结

合进行，剪去老残根以促其多发新根，只是对生长缓慢的种类，不宜剪根。为了保持盆栽花卉的冠根平衡，根部进行了修剪的植株，地上部亦应适当疏剪枝条；为了抑制枝叶的徒长，促使花芽的形成，亦可剪除根的一部分。经移植的花卉所有花芽应完全剪除，以利于植株营养生长的恢复。

一般落叶植物于秋季落叶后或春季发芽前进行修剪，有的种类如月季、大丽花、八仙花、迎春花等于花后剪除着花枝梢，促其抽发新枝，下一个生长季开花硕大艳丽。常绿植物一般不宜剪除大量枝叶，只有在伤根较多的情况下才剪除部分枝叶，以利于平衡生长。

（4）摘心与抹芽

有些花卉分枝性不强，花着生于枝顶，分枝少，开花亦少，为了控制其生长高度，常采用摘心措施。摘心能促使激素的产生，导致养分的转移，促发更多的侧枝，有利于花芽分化，还可调节开花的时期。摘心在生长期进行，因具抑制生长的作用，所以次数不宜多。对于一株一花或一个花序，以及摘心后花朵变小的种类不宜摘心，此外球根类花卉、攀缘性花卉、兰科花卉以及植株矮小、分枝性强的花卉均不摘心。

抹芽，又称除芽，即将多余的芽全部除去。这些芽有的过于繁密，有的方向不当，抹芽是与摘心有相反作用的一项技术措施。抹芽应尽早于芽开始膨大时进行，以免消耗营养。有些花卉如芍药、菊花等仅需保留中心的一个花蕾，其他花芽全部摘除。

在观果植物栽培中，有时挂果过密，为使果实生长良好，调节营养生长与生殖生长之间的关系，也需摘除一部分果实。

59. 花卉日常养护过程中为何要换盆？如何换盆？

多年生花卉长期生存于盆钵内有限的土壤中，常常会营养不足，加以冗根盈盆，因此随植物长大，需逐渐更换大的花盆，扩大其营养面积，以利于植株继续健壮生长，这就需要换盆。换盆还有一种情况是原来盆中的土壤理化性质变劣，养分丧失或严重板结，必须进行换盆，而这种换盆仅是为了修整根系和更换新的培养土，用盆大小可以不变，故也可称为翻盆。

换盆的注意事项：应按植株发育的大小逐渐换到较大的盆中，不可换入过大的盆内，因为盆过大给管理带来不便，浇水量不易掌握，常会造成缺水或积水现象，不利于植物生长。根据植物种类确定换盆的时间和次数，过早、过迟对植物生长发育均不利。当发现有根自排水孔伸出或自边缘向上生长时，说明需要换盆了。多年生盆栽花卉换盆在休眠期进行，生长期最好不要换盆，一般每1～3年换1次。一、二年生花卉随时可进行换盆，并依生长情况进行多次换盆，每次用同型号或大一号的花盆。换盆后应立即浇水，第1次必须浇透，以后浇水不宜过多，尤其是根部，减少叶面蒸发。换盆后应放置阴凉处养护2～3d，并增加空气湿度，移回阳光下后，应注意保持盆土湿润。

换盆时一只手托住盆土将盆倒置，另一只手以拇指通过排水孔下按，土球即可脱落。土球宜采用放射性去土，保留心土，有利于保护根系。换盆通常应结合培养土配置和修理地下部分（根系为主）进行。

60. 花卉在家庭中养护为何经常要转盆？

转盆在家庭养花中经常应用，其主要原因是家庭环境中多在阳台、窗台或露台上进行花卉栽培。由于光照不均衡，多数花卉因光而向一侧生长造成偏冠现象，影响植物美观，常通过转盆进行调整。

所谓转盆，就是在花卉生长期间经常变换花盆的方向，这在家庭阳台、窗台和露台养花中经常出现。由于一些花卉植物具有向光性，如果不经常转盆调整光照，就会出现偏冠等不良形状，影响观赏价值。为使花卉保持匀称的株形，需要注意经常定期变换盆花摆放的方向，尤其是在花卉生长旺盛期应每隔7～10d将花盆转动1次方向。每次转盆时最好把花盆原地旋转180°，这样就可以使叶片分布均匀，花头端正，植株直立不歪斜。如向日葵、天竺葵、君子兰、朱顶红、瓜叶菊、报春花、文竹、非洲菊、倒挂金钟、玻璃翠、金莲花和多肉植物等花卉向光性都较明显。

61. 家中养花对光照有何要求？

光是植物进行光合作用的能量来源。光照充足，光合作用旺盛，养分积累多，植物生长就良好。但是在花卉栽培过程中必须注意几个问题，这些问题涉及花卉的生长和观赏。首先，不同花卉对光照强度的要求不同，有的要求较强的光照，阳光可以直射于植物体上，如仙人掌类及多数开花植物。有的则要求较弱的光照，阳光一般不能直射于花卉上而需要遮阴的环境，如文竹等观叶植物。一般来说，观叶植物大多不能过多接受太阳直射，而观花植物则需要较多的阳光。其次，日照长短对花卉的阶段发育有特殊的作用，花的发育过程需要特定的光照长短，否则就不能开花。有的植物如瓜叶菊、报春花等，要求每天日照14～16h，否则不能开花，它们叫长日照花卉。而有的植物为短日照花卉，只需日照8～12h就能开花，日照12～16h则不能开花或延迟开花，如菊花、一品红等。另外，还有中日照花卉，每天日照10～16h均能使之开花，如茉莉等。由此人们就可以采用人工光源或人为调节花卉植物的开花时间以供人们所需，现在供节假日用的花卉多是通过光和温度的调节使得花卉在需要时开放。了解了花卉对光的需求，在摆放花卉时就要选择合适的地方，比如喜光、喜温的花卉一般摆放在阳面房间或者阳台上，耐阴的花卉一般摆放在阴面房间。对于喜光的花卉如果摆放在不见光的地方，一定要注意每3～7d搬到阳台上晒2d。

62. 家中阳台如何养花？

阳台养花与庭院种花有许多不同之处，除了日常养护外，还需要定期转盆，保证花卉生长健壮、姿态优美。阳台养花需要注意以下几点。

（1）根据光照情况，选择花卉进行莳养

阳台上种植哪些花木为好，要根据阳台的朝向以及本地的气候条件、花卉品种的习性来决定。

朝南阳台光照强，植物吸热多，蒸腾也大，宜栽喜阳耐旱花卉。如多肉植物的仙人掌、仙人球、宝石花等，还有矮牵牛、旱金莲、观赏番薯、半枝莲、夜来香、月季、石榴、六月雪、一串红、凤仙花、虞美人、三色堇、矾根、彩叶草等。

朝北阳台（包括走廊）因得不到直射阳光，适合养喜阴及中性花卉。如绣球、四季海棠、文竹、天门冬、吊竹梅、吊兰、椒草、铁线蕨、千叶兰、绣球、朱砂根、玉簪等。

（2）根据阳台环境，营造适宜的温湿度环境

阳台上通风条件好，空气干燥，因此，要注意勤浇水并向叶面和地面喷水。花盆宜大，因大盆存土多，蓄水多，不易干。也可把花盆放入浅水盆中，使水源源不断地供应花卉需要。还可在盆花四周放一盆水，使其自然蒸发，改善局部小气候。

无论什么朝向，阳台上摆设的盆花要稍密集一些，因为较多盆花一起蒸发水分可增加周围空气湿度。

阳台一般是水泥地面和墙壁，阳光照射时混凝土的反射可使温度升高，特别是朝西阳台，下午日晒时温度明显升高，对植物生长极为不利，因此要在阳台上洒水降温或适当遮阴处理。

（3）加强安全防护，确保花盆牢牢固定

阳台养花安全防护很重要，必须保证花盆牢牢固定，不能因风、雪等影响而坠落，可做一个多层次的盆架；也可向阳台外伸出一块板，用钢筋或角铁等固定住，板的四周用挡板或围栏围住，防止花盆坠落。对悬挂在阳台上的设施，一定要定期检查以确保安全。阳台养花要注意防风，风是流动空气，植物生长需要这种环境，而过强的风对植物往往造成伤害，风太大时，可适当加装防风板。

63. 家中窗台如何养花？

窗台养花宜小不宜大，宜轻不宜重，通常多在室内窗台布置一些小型的盆景、盆花，还可以采用柳条、竹编、塑料长条形套框或盆，构成融为一体的盆栽组合，有时还可用些水培植物。常用盆花有小型多浆植

物、文竹、微型月季、君子兰、四季秋海棠、石竹、三色堇、报春花、金冠柏等，以及梅花、罗汉松、黄杨等微型盆景。窗台养花切记花盆一定要固定住，不要因风吹而坠落。

64. 家中室内如何养花?

室内养花，不但可以净化空气，调节心情，还可为家中增加一道靓丽的风景。同时，养花、浇花、赏花、品花已经成为市民生活休闲的一种生活方式。

室内养花虽有很多技巧，但需要注意以下几点。

(1) 品种选择

花卉品种的选择很重要，如果品种选择不好的话，不但达不到"花香养人"的效果，反而会伤人，有很多刺或有毒以及花粉易污染的花卉尽量不养于室内。比如兰花、君子兰、郁金香等花卉放出的香味，可使人神经松弛、解除身心疲劳、消除烦躁且有清热祛风、清肝明目的作用。菊花、蜡梅、百里香、茉莉、米兰、桂花、紫薇、月季、玫瑰等，能吸收室内有毒气体，起到净化空气的作用。而风信子、凌霄花、夹竹桃、仙人掌、仙人球等花卉，就不适合在室内养，因为它们的花粉很容易使人生病，误食后甚至有生命危险。此外，室内养花多选择耐阴性较强的花卉，如君子兰、兰花、吊兰、米兰、绿萝、袖珍椰子、棕竹、龟背竹、孔雀竹芋、凤梨、虎耳草、铁线蕨、太阳神、福禄桐、马拉巴栗、散尾葵等。

(2) 位置摆放

摆放室内花卉时，必须要充分考虑花卉对光的适应性。比如仙客来、水仙、金鱼草、米兰、茉莉等喜光的花卉，摆放时就要放在光照充足或阳光照射得到的地方，尽量靠窗；而兰花、虎耳草、玉簪、紫萼、石蒜、万年青、一叶兰、鸢尾等比较耐阴的花卉，就要摆放在离窗有一定距离的地方，阳光直射反而会影响其生长。

(3) 合理浇水

总体来说，室内花卉浇水量要比室外花卉少得多。室内养花浇水主要视花卉类型、季节等不同情况而定。不同的花卉需水量也不同，例如多肉花卉（仙人掌、霸王鞭、令箭荷花、芦荟等）每周浇 1 次水就可以了，而观叶花卉则需要经常保持花土处于微潮状态。夏季干燥炎热，需多浇一些水。另外，浇水也要掌握时间，最好在晴朗的上午浇水，少在晚间浇水。平时为保持叶面光洁，可用啤酒加水（1：10）用棉布擦拭叶片。

65. 花卉栽培常用的肥料有哪些？

花卉栽培常用的肥料分为有机肥和无机肥。

（1）有机肥：有机肥是各种植物、动物体的籽实、脏器、残体或排泄物经加工、腐熟后所形成的肥料，如人粪尿、畜禽粪、饼粕、糟渣、杂草绿肥等。有机肥是缓效肥料，养分全，肥效长。使用前一定要经过充分发酵腐熟。

（2）无机肥：无机肥是化学合成或天然矿石加工而成的肥料，如尿素、过磷酸钙、磷酸二氢钾等。无机肥的肥效快，但养分单纯，肥效不长久。无机肥的成分单一，但长期单独使用会使盆土板结，家庭养花时应与有机肥配合使用为好。

66. 家中养花施肥有何技巧？

（1）合理施肥

①施肥原则：适时适量，薄肥勤施。适时是指花卉需要时再施用。如发现花卉叶色变淡或植株生长细弱时施肥即为适时。无论何时都应做到适量，施肥过量会影响花卉生长发育。氮肥过多，植株易徒长，茎叶柔弱，影响开花结果且易遭病虫危害；磷肥过多，会阻碍花卉生育，影响开花结果；钾肥过多，植株低矮，叶皱色褐，甚至枯萎。每次施肥不可过量，宜采取薄肥勤施原则，否则易造成肥害而枯死。

②施肥时期：幼苗期生长迅速，应多施氮、钾肥，以使茎枝粗壮，

根系发达；花前和现蕾时，多施磷肥，促使花大色美、花蕾饱满；透色和花谢后喷施磷酸二氢钾可防止落花落蕾；花期和坐果初期要控制肥水，否则易落花落果。

③施肥季节：冬季气温低，植株生长缓慢，大多数花卉生长处于休眠或半休眠状态，一般不施肥；春秋季节为生长旺季，应适当多追肥；夏季气温高，水分蒸发快，花卉生长旺盛，坚持薄肥勤施的原则。施用有机肥料，一定要经过充分腐熟。施用化肥浓度不能太大，防止花卉"烧死"。

④施肥时间：在不同的季节，施肥时间不同。一般夏季宜在傍晚施肥，冬季宜在中午前后施肥。一般施肥可在晴天气候干燥或下雨前进行，雨后和连阴雨天不施；气候暖热适宜生长时多施；气候炎热或寒冷呈半休眠或休眠状态时不施；盆土干燥时施，湿时不施；陈旧盆土多施，新换盆土少施；基肥足少施，无基肥或不足多施。

⑤根据花卉的特性施肥：以观叶为主的花卉，如五针松、文竹、吊兰等，以氮肥为主，可促进枝叶生长，色彩浓绿。以观花赏果为主的花卉，所需的肥料要多一些，在长枝叶时，施1～2次以氮肥为主的肥料；在花芽分化、形成花蕾和开花前的生长阶段，则应施用以磷肥为主的肥料，能使其花繁果茂。新移栽的花卉暂时不施肥；在开花期的花卉最好不施肥，以免使花蕾、花朵凋落。

（2）施肥方法

①基肥：基肥施用一般采用两种方法。一是将肥料按一定比例和培养土（约1：9）均匀混合后栽培花卉，既可以改善土壤的物理性质，又可以供给花卉生长全期的营养需要。二是将少许肥料在花卉上盆、换盆或翻盆时垫入盆底，一般不超过盆土的1/10，并且上面要覆一层土壤，再栽植花卉。

②追肥：追肥一般采用两种方法。一是土施，即将肥料直接施入土壤中。追施液体肥料要先稀释喷洒到盆土中；追施固体肥料则可均匀撒入盆土表面，上面再盖一层土掩盖。注意施肥后要浇水以利于吸收。二是叶面喷施，又称根外追肥，具有省肥、见效快的优点。通常在花卉生长旺盛期或缺乏某种元素时使用。一般将无机肥料配成0.1%～0.5%的浓度在早晨或傍晚无风时进行喷施，以使叶面湿润为宜，最常用的是尿素、磷酸二氢钾、过磷酸钙、硫酸亚铁等。

67. 家中养花如何防治病虫害？

植物病虫害防治的原则是"以防为主，综合防治"，花卉也不例外，同样适用这样的原则，并且"防"是主要的，"治"是次要的。这里简单介绍几种适宜在家里操作，效果又非常好的病虫害防治小窍门。

（1）把有病虫害的花卉拒之门外

这就要求我们在选择花卉的时候一定要注意观察，选择无病虫害的花卉，不能把带有病虫害的花卉带入家中，避免影响原有花卉的正常生长。

（2）要做到手勤眼勤

家庭室内栽培花卉要及时松土、培土、换土，还要及时观察花卉生长状态。松土可以改善土壤通透条件，增加土壤含氧量，同时还能将潜伏在花盆土壤中的幼虫蛹、卵等翻到地面，使其受自然因子，如光、温、湿度的影响而死亡。培土可以将浅土中的病菌和残叶埋入深土层，使其丧失生命力，同时可增加土壤养分。换土可以将花盆中的带病土壤移走，提高土壤肥力，有利于花卉健壮生长。观察植株生长情况，如有不良反应及时做出调整。对一些早期的病虫害还可以进行人工捕杀。

（3）合理施用水、肥

合理施肥是指氮、磷、钾的施用比例要适当，防止偏施过多的某一种养分，引起生长异常，严重时导致病虫害发生，同时施用有机质肥料时要注意选用充分腐熟的有机肥。浇水要适时适量，过多过勤易造成花盆土处于缺氧状态，使根系发育受阻，甚至出现烂根；过少则影响花卉正常生长，使其易黄叶、枯萎甚至死亡。

（4）及时除草，适期修剪

杂草不仅与花卉争夺养分，影响通风透气，妨碍生长，影响观赏，还是一些病菌和害虫繁殖的场所。应及时除草，创造适宜的环境条件，以减少非侵染性病害的发生。花木修剪，应剪除病枝、枯枝、残枝，消灭枝条上的虫卵、幼虫及成虫。清除的杂草、病枝、被害植株要集中销毁，以免二次感染，减少病原菌、害虫的数量。

（5）物理防治，化防结合

虽然在花卉的生长过程中也采取了相应的栽培管理措施，但是有时候还是会发生病虫害，我们也不用太紧张。根据病虫害防治的原则，利用病虫的某些特性，可以采取一些行之有效的方法进行治疗。

尽量用人工方法清除害虫。例如：用软毛刷刷去依附在植株枝叶上的介虫；剪除和清除枯萎或染病的枝、叶、花，及时清除脱落的枯枝败叶，防止病菌滋生蔓延；利用害虫的某一种趋性，如趋光性、假死性或其他特性，进行人工诱杀和捕杀，消灭病虫。

68. 家中养花时培养土如何消毒？

培养土也叫营养土，是花卉生长的物质基础。除具备富含腐殖质、营养成分及土质疏松通气、蓄水保肥的特性外，还必须无病虫源。因此，配制花卉培养土还要进行消毒灭菌、杀虫处理。

花卉培养土的消毒方法如下。

（1）暴晒和热炒法

花卉育苗的河沙等培养基质，播种前放在水泥地板上让烈日暴晒2～3d，如少量培养土或沙土，可用铁锅热炒20min，杀死病菌与虫卵。盛夏高温期将培养土或苗床土用薄膜覆盖在烈日下直晒，也有灭菌、杀虫作用。

（2）蒸汽消毒法

家庭盆栽用少量培养土时，可采用蒸笼隔水蒸煮消毒。如用量大，有条件的可就地充分利用厂矿中的锅炉余热蒸汽，将其导入培养土中，使培养土升温至100～180℃，消毒40～60min即可。

（3）堆沤发酵法

将培养土基质与有机肥混合堆沤，封闭发酵，可杀死病菌与害虫。

（4）福尔马林消毒法

每立方米培养土用40%福尔马林50～100倍液400～500mL喷洒，然后翻拌均匀堆上，用塑料薄膜闭封48h。

（5）二氧化碳消毒法

将培养土堆成圆锥或长方形，按一定距离在上方插几个孔，每立方米培养土用 3.5g 二氧化碳注入孔洞内，再用土堵住洞口，然后用薄膜覆盖，闭封 48～72h。

（6）高锰酸钾消毒法

对花卉播种或扦插的苗床土，在翻土做床整地后，用 0.1％～0.5％高锰酸钾溶液浇透，用薄膜覆盖闷土 2～3d，揭膜稍疏水后才播种或扦插，可杀死土中的病菌，防止腐烂病、立枯病。在花卉生长期用高锰酸钾400～600倍液浇根，不仅能供给钾、锰营养，也可防治病害，促进生长健壮，开花艳丽。

69. 花卉在春季如何养护？

早春早晚温差很大，这时保持盆土干燥，做好防冻工作仍是关键所在。因此，盆栽花卉春季出室宜稍迟些而不能过早，宜缓不宜急。

（1）换盆

盆栽花卉，如六月雪、石榴、月季等耐寒能力较强的花木，栽种数年，盆已过小，应在此时进行换盆换土。盆土应有一定数量的山泥，其他用腐殖质土即可。对于正在开花或者赏果的花木，应待花谢果落之后进行，如金橘、山茶、杜鹃等。对于处于半休眠状态的花木，如栀子、吊兰等，可在清明前后换盆。对于畏寒花木，如米兰、珠兰、茉莉、昙花、令箭荷花，以及多数观叶植物，如橡皮树、发财树等，应继续防寒保暖，到清明之后再进行换盆和换土。

（2）修剪

根据不同种类花卉的生长特性，进行剪枝、剪根、摘心及摘叶等工作。对一年生枝条上开花的月季、扶桑、一品红等可进行重剪，剪去枯枝、病虫枝以及影响通风透光的过密枝条。对二年生枝条上开花的杜鹃、山茶、迎春花、栀子等，通常只需要剪去残枝和过密枝即可。

（3）水肥管理

早春给花卉施肥，应掌握"薄肥少施，逐渐增加"的原则，应施充分腐熟的稀薄饼肥水，次数要由少到多。春季施肥宜在晴天傍晚进行。

早春浇水也要注意适量，应见干见湿，不可一下子浇得过多。晚春气温较高，阳光较强，蒸发量较大，浇水宜勤，水量也要增多。总之，春季给花盆浇水要掌握"不干不浇，浇则浇透"的原则，切忌盆内积水。浇水宜在午前进行，每次浇水后都要及时松土。

（4）繁殖

春季是盆栽花卉分栽、播种的最佳时期。如月季、天竺葵、迎春花、石榴等，可剪去健壮枝条进行扦插；兰花、文竹、吊兰等，可进行分株繁殖；含羞草、凤仙花、牵牛花、一串红、孔雀草、万寿菊、五彩椒等草本花卉，可用撒播或点播进行繁殖。

（5）病虫害防治

春季是百花盛开的季节，但也是病虫害开始繁衍的时期，所以要勤检查、早发现、早预防、早治疗。春季常见的害虫有各种蚜虫、红蜘蛛、粉虱、介虫等；常见的病害有白粉病、锈病、黑斑病、黄化病等。瓜叶菊、大丽菊、凤仙花、月季等易得白粉病；垂丝海棠、玫瑰、芍药、竹等易得锈病；桃花、月季、梅花、山茶、石榴、杜鹃、月季、木槿、丁香、海棠、万年青等易受介虫危害，要提早防治。

70. 花卉在夏季如何养护？

（1）加强管理和养护

夏季气温高、雨量多，是大部分花卉的生长期。但是气候炎热，烈日暴晒，如养护及管理不当，极易影响花卉生长，因此应加强花卉夏季管理和养护。

①夏季气温高，水分蒸发快，盆花要及时浇水，但切忌在中午烈日下浇水。性喜潮湿的花卉，如水仙、龟背竹、马蹄莲等，要求水分充足；性喜湿润的花卉，如米兰、茉莉、夹竹桃、扶桑等大多数花卉，在通常情况下，以上午浇1次水、傍晚浇1次水为宜。夏季花卉生长快，要及时供给充足的肥料。施肥前注意松土，松土有利于根系吸收肥、水，同时有利于微生物的繁殖生长，促使土中有机物质加速分解，给盆

花生育提供多种营养物质,施肥后次日要注意浇水。

②一些怕高温和日晒的花卉应放在通风良好的阴凉处,如山茶、君子兰、兰科、南天星科等花卉需放在弱光或散光下养护,同时要适当遮阴、喷水盖盆等。对喜光性花卉如米兰、白兰、月季、一品红、无花果、石榴等应放在阳光充足处养护。

③高温季节植株容易徒长,要及时进行修剪,修剪主要是进行摘心、抹芽、摘叶、疏花、疏果。对一些春播草花,长到一定高度时要及时摘心,促使其多分枝、多开花;对一些木本花,如金橘等,当年生枝条长到 15～20cm 长时也需摘心,使养分集中,有利于开花、结果;夏季在一些花卉的茎基部或干上,常发生不定芽,会消耗养分,扰乱株形,应及时摘除;对于一些观花类花卉,如菊花、山茶、月季等,应摘除部分过多花蕾,促使花大色艳。

(2)防止高温对花卉的危害

水、气、温是花卉生长的必要条件。进入夏季,高温给花卉生长带来极大的危害,当气温高达 38℃时,许多花卉都会出现生长不良,表现为呼吸作用加快,光合作用减弱,养分运转受阻。如果温度高于它的耐热程度,花卉就会趋向枯死,即使是习惯在热带地区生长的花卉,如果不注意养护,也难以正常生长。因此,为防止高温对花卉的危害,可采取如下管理措施。

①要适当遮光:对温室或塑料大棚内的花卉都应采用遮阳网进行遮阴,以防止烈日强光直射而灼伤花卉,在露地栽培的也要设法遮阴。

②要勤洒水:早晚勤洒水增加湿度,从而降低温度。如果有喷灌或滴灌的设施效果更好,通常洒水后可降温至 25℃。

③要勤通风:在温室或大棚内增加通风设备,借以引入新鲜空气,排除室内热气和有害气体。

④要注意防病治虫和防风避雨。

(3)盛夏养花的注意事项

①防暴晒

不同花卉和同一花卉的不同生长发育阶段,对光线的要求不同。一些喜阴或原产于热带、亚热带湿润地区的花卉,如兰花、龟背竹、蕨类、一叶兰、万年青、棕竹、文殊兰、南天竹以及山茶、杜鹃、珠兰、

第二章 花卉栽培与养护技术

栀子等大多不适应夏季强光环境，要求荫蔽度保持在50％～80％。

因此，夏季培育这类花卉应将盆株置于稍见阳光的凉爽或通风的半阴的窗台、树下、通道等处，有条件的可用苇帘或荫棚遮光，切忌放在阳光下直接照射。气温过高时，还应经常在地面或植株叶面上喷水以降低温度。

②防积水

许多花卉夏季生长旺盛，可适当多浇些水，但不是浇水越多越好。夏季雨水较多，花盆内容易积水，若不及时排除盆内积水，土壤中的水分形成饱和状态，盆土严重缺氧，会造成花卉的死亡，特别是仙人掌类和一些肉质根的花卉，如万年青、君子兰、大丽花、龟背竹、大岩桐、四季海棠、菊花以及夏眠花卉，更要防止雨淋和雨后盆内积水。

如遇涝害时，应先将盆株放于阴处，除去积水，避免阳光直晒，少浇水，逐渐移至外面正常管理。

③防窝风

夏季高温多雨，空气湿度大，盆株若通风不良，容易发生病虫害，如红蜘蛛、蚜虫、白粉虱，以及白粉病、黑斑病等。因此，当遇阴雨不停，空气湿度过大时，要加强通风。发现病虫害应及时采用适当方法除治。

④防倒伏

一些高植株或茎空而脆的品种，如大丽花、菊花、绣球等遇暴风雨易倒伏折断，因此，在大雨来临前要将盆株移至避风雨处，并需提前立支架绑扎固定。

⑤防徒长

对一些草本花卉可控制浇水次数和浇水量（俗称扣水），以促使枝条壮实，开花繁多，避免徒长。同时，采取修剪的办法对花卉植株的局部或某一器官进行剪理，如对一串红、翠菊、福禄考、百日草、千日红、万寿菊等进行摘心，对菊花进行除芽、剥蕾等均可促使植株矮化并能抑制枝条徒长。

（4）让夏季花卉开得更好的方法

①注意温度和光线。兰花、倒挂金钟、天竺葵等花卉性喜凉爽、怕高温，可放置在凉棚或树荫下并在叶面上喷水降温；扶桑、月季、桂花

和石榴等需要充足的阳光；而文竹、栀子、杜鹃等惧怕强烈光线，应放在稍有遮阴的地方；大岩桐、富贵竹、秋海棠等忌阳光直射，可放在阴凉之处培育。

②浇水要适度。夏季水分蒸发快，要及时浇水，晴天每天至少浇1次，最好在早晨，傍晚浇也可以，但不要中午浇水。总之，要根据花卉习性、花盆大小、天气晴阴的情况灵活掌握。浇花的水必须经过日晒。浇的水不够，土壤会过于干燥，花卉就要打蔫、叶子变黄而脱落；浇的水太多，土壤过湿又易烂根，甚至导致花卉死亡。所以在夏季，浇水要注意适度。

③要及时防治病虫害。夏天一般容易出现蚜虫、红蜘蛛等虫害。一旦发现，可用水多次冲洗。介虫可用小毛刷刷掉，白粉病可用肥皂水冲洗，同时注意通风，增加光照。

（5）夏季盆花浇水的注意事项

夏季盆花应适当多浇一些水，在清晨盆土温度较低时进行，浇水时应浇透，即以盆底有水流出为准。一些肉质根的花卉，如君子兰等，则在浇水量上应有所控制，尽量不要接受过多暴晒，减少水分的蒸发，中午可适当在叶面喷水，增加湿度。除此以外，还有一些较耐干旱的花卉品种，则应少浇水，主要是指仙人球、仙人掌类及其他如景天科一类的多浆植物，它们原本起源于干旱的沙漠地带，在一般情况下旱不死，水浇多了反而会烂根烂茎。

71. 花卉在秋季如何养护？

秋季是万物开始凋零的季节，保证光照充足、浇水适量、及时修剪、及时繁育、花卉入室等都是秋季栽培及养护的关键。花卉要根据其生态条件和品种特性的不同，因花而异、因地制宜地进行秋养，才能养护得当。

（1）光照

光照是花卉制造营养物质的能源，因此许多花卉只有在充足的光照条件下才能花繁叶茂。但不同花卉或同一花卉的不同生育阶段，对光照

的要求是不同的。秋季仍应将花卉放在阳光充足的地方，使植株充分接受光照，让叶片更好地进行光合作用，及时供给营养，促进当年生枝条成熟，使其能安全越冬，保证翌年花繁叶茂。

（2）浇水

露地种植的花卉，一般土壤不干不浇水，浇水应在清晨盆土温度较低时进行，而且应浇透，即以盆底有水流出为准，遵循见干见湿的原则。不同的花卉种类对水分的需求不同，在通常情况下花卉宜每2～3d浇1次透水，千万不能浇半腰水，形成上湿下干，影响根系生长，使叶片卷缩发黄，时间长了整株就会枯死。也要防止浇水过多，引起烂根。盆栽花卉由于摆放分散，要重点做好防旱、防渍工作。防旱：秋季水分蒸腾蒸发快，室外2～3d淋1次水，室内5～7d淋1次水。防渍：盆体通透性和渗漏性很差，只靠盆底漏水眼渗漏渍水，室外盆栽严禁盆底直落泥地，室内及阳台盆栽，不要每天淋水。进入秋季后，应控制水分的供给，促使新梢老熟，避免花卉在晚秋、冬季抽新梢，不利于越冬。但在初秋或中秋时，由于气温较高，花卉抽生新梢，水分应充足供给，保证新梢能及时地生长、老熟。浇水时间以早晨和傍晚为宜，其目的是让水温与土温相近，避免伤害根系。一些较耐干旱的多浆植物品种则应少浇水，水浇多了反而会发生腐烂现象。

（3）施肥

施肥要与浇水结合起来进行，按照薄肥勤施的原则，一般每15d施1次薄肥。施肥的方式分为基肥、追肥和叶面施肥。基肥在上盆或换盆时随盆土加入，也可在盆底直接添入有机肥料，如麻酱渣、豆粕、豆饼渣等。追肥时花卉生长发育期增补到土壤中的速效肥料一般为液体肥料，如豆饼水、矾肥水、兽蹄水等。叶面施肥要控制好浓度，一般用0.1%～0.2%的速效肥料，如磷酸二氢钾、尿素等，叶面喷肥具有针对性强、养分吸收快、肥效高等特点。给冬季休眠的花卉合理施用磷钾肥，可以促进花卉的抗冷性。冬季不休眠的花卉依然可以施用氮肥，尤其是观叶植物仍然应施用以氮肥为主的肥料。冬季开花的植物在早秋是营养生长期，应施用以氮肥为主的肥料。晚秋大多是孕蕾期，在给此类花卉施肥时应以磷钾肥为主氮肥为辅，氮肥过多不利于冬季开花。

（4）修剪

秋季整形修剪应以"轻"为主，避免过"重"造成树势衰弱以致死苗。为保持株形优美，花多果硕，需要进行修剪整形。修剪整形主要是进行修枝、摘心、疏花等操作。对于一些不能结籽或不准备收种子的花卉，花谢后及时剪除残花。此外，发现病枝、枯枝、过密枝、徒长枝时应及时剪除，使植株在冬季减少养料消耗，促使翌年开花增多，为花卉越冬打下良好的基础。

（5）繁育

秋季气温较低，对一些二年生的花卉，正是播种的好时机，播后注意喷水，保持土壤湿润。有一些木本花卉适宜在秋季扦插，在秋季扦插成活率较高。对生长较密需要分株的宿根花卉应及时分株繁殖。对于春节前后开花的花卉应抓紧时间上盆，绝大多数花卉以在霜降前入室为好。

（6）病虫害防治

室内病虫害防治应尽量采用物理方法、生物方法或采用低毒、低残留的药剂，减少对环境的污染。

72. 花卉在冬季如何养护？

花卉在冬季养护要做到以下几点。

（1）光照适宜，通风换气

盆栽花卉到了深秋或初冬，要陆续搬进室内，防止霜害或冻害，并根据不同花卉的特性放置在室内不同位置。通常冬春季开花的花卉、秋播的草木花卉，以及性喜强光高温的花卉，如一品红、香石竹、茉莉均应放在窗台的阳光充足处；性喜阳光但能耐低温或处于休眠的花卉，如文竹、月季、仙人掌类等，可放在有散射光的地方；其他能耐低温且已落叶或对光线要求不严格的花卉，可放在没有阳光的较阴冷处。需要注意的是，不要将盆花放在窗口漏风处，以免冷风直接吹袭受冻，也不能直接放在暖气片上或煤炉附近，以免温度过高灼伤叶片或烫伤根系。另外，室内要保持空气流通，可于温度最高时的正午前后打开门窗给予通

风透气，以防落花、落叶、落果。在给予通风换气时，还必须尽量避免冷风直接吹袭在植株上。

（2）保温防寒，安全越冬

冬季防寒保温工作是管理工作中的重中之重，稍有疏忽就会给盆花、盆景越冬带来严重的损失。应根据各种不同花卉种类所能忍受温度的下限，为其创造一个安全越冬的特殊环境。

在家庭内少量种养的畏寒花卉，如米兰、蝴蝶兰等，在特别寒冷的天气，可于夜间加套塑料袋或将其放于卫生间内，打开取暖电器加温，确保其安全越冬。

（3）控制肥水，避免早发

对放于 10～15℃ 温室内的盆栽花卉，如山茶、君子兰等，可继续追施低浓度的磷酸二氢钾，以利于植株的生长和孕蕾开花。对大部分搁放于一般室内的盆栽花卉、观叶植物、盆景等，则应停止追肥，以利于其正常休眠越冬。

根据不同的植物种类，确定浇水的多少、次数和方式。对于温室和居室里的大部分盆花和盆景，均以保持盆土湿润为宜，气温偏低的要相应减少浇水量，气温升高时，可增加浇水量和给予叶面喷水。对不甚耐寒的观叶植物种类，当气温接近该植物能忍受的下限温度时，应特别控制浇水量。对盆花中那些春节前后将要开花的种类，如山茶、一品红、金盏菊等，观果类如火棘、代代、佛手等，不仅要保持盆土湿润，而且必须给植株喷水，以利于植株花芽的膨大生长，也可使果实显得更加色彩鲜丽。另外，盆花在室内摆放过久，叶面上常会覆盖一层灰尘，既影响花卉进行光合作用，又有碍观赏，因此要及时清洗。可用酒精棉或海绵等物，蘸上少量稀薄中性洗衣粉慢慢刷洗叶片，然后用清水将洗衣粉残液洗净，任其自然风干即可；也可以蘸些少量啤酒兑水（可按 1：10 的比例）擦洗，既可洁净，又可起到为叶面施肥的效果。

冬季浇水宜在中午前后进行，不要在傍晚浇水，以免盆土过湿，因夜晚寒冷而使根部受冻。浇花用的自来水一定要经过 1～2d 日晒才能使用，并且水温与室温相差 10℃ 以上很容易伤根。

（4）病虫防治，预防为主

对温室内盆栽叶片出现的白粉病、灰霉病等，在发病初期选用

50％的甲基硫菌灵 1500 倍液喷洒，每 10d 喷 1 次，连续喷 2～3 次即可。对于温室盆栽花木上出现的粉虱、介虫、煤污病等，先用湿布抹去叶片上的煤污斑块和干枝上附着的虫体，用速扑杀等农药喷杀。对通风不良时，盆栽植株上常出现蚜虫的花木种类，可用植物性农药如烟草水进行防治。

73. 如何栽培和养护苏铁？

（1）基本介绍

苏铁（*Cycas revoluta* Thunb.），俗称铁树，别名辟火蕉、凤尾蕉、凤尾松、凤尾草，为苏铁科苏铁属常绿小乔木。苏铁树形古雅，主干粗壮，坚硬如铁；羽叶洁滑光亮，四季常青，为珍贵观赏树种。南方多植于庭前阶旁及草坪内，北方宜作大型盆栽，布置庭院屋廊及厅室，大方美观，为优美的观赏树种，适合庭院栽植欣赏。

（2）栽培和养护技术

苏铁喜暖热湿润的环境，不耐寒冷，喜光，喜铁元素，稍耐半阴，喜肥沃湿润和微酸性的土壤，但也能耐干旱。生长缓慢，10 余年以上的植株可开花。

苏铁可用种子及分蘖繁殖。

①栽培技术

苏铁盆栽时盆土可用腐叶土或泥炭土加上 1/4 左右的河沙和少量基肥混匀配制，也可用腐叶土 4 份、园土 4 份、河沙 2 份混匀配制。盆底垫放碎瓦片，以利于排水。应放置于通风好、阳光充足处。注意盆内不能积水，否则会引起烂根烂茎；但盆土过干，也会使叶片发黄枯萎。

②养护技术

a. 光照调节：苏铁喜弱光，稍耐烈日，也比较耐阴，但苏铁在室内不宜摆放过久，不然会因缺少阳光而导致叶子细长、退绿。冬天可以在室内放久一点，有光时要摆在阳台上，让其接受光照。

b. 温度调节：秋天气温下降后不宜多浇水，培养土保持干燥为宜，这样可以避免萌发新叶，避免冬天受到冻害。冬天苏铁的适温在5～15℃。春

天温度回升后要放到光照充足的地方，这样可以保证新叶的生长。

c. 水分管理：通常每隔2～3周浇1次矾肥水。如果发现土壤碱化，可以采用浇灌硫酸亚铁500倍液的方式来处理。春夏生长旺盛，多浇水，早晚为叶面喷水，可以保持叶片干净。秋后浇水较少，冬季浇水间隔的时间长些，保持干燥。

d. 合理施肥：春夏时每2周就要施1次稀液肥。施肥最好施有机肥，如果采用饼肥，每周施1次可使叶片油光翠绿，是不错的选择。但是也要注意施肥和浇水相结合，施肥后要及时浇水。

苏铁常见的病虫害是斑点病和介虫。

74. 如何栽培和养护梅花？

（1）基本介绍

梅花（*Prumus mume* Sieb.），俗称春梅、干枝梅、酸梅、乌梅。梅花是中国十大名花之首，与兰花、竹子、菊花一起列为"四君子"，与松、竹并称为"岁寒三友"。在中国传统文化中，梅以它的高洁、坚强、谦虚的品格，给人以立志奋发的激励。在严寒中，梅开百花之先，独天下而春。梅花是冬春期间主要观赏花卉，品种多，观赏期较长，也是主要的盆景材料。

（2）栽培和养护技术

梅花喜温暖而稍湿润的气候，宜在阳光充足、通风良好处生长，较耐寒且开花特别早，早春即可怒放，对土壤要求不严，能耐瘠薄，但以表土厚而疏松、底土紧密稍黏的肥土最为理想，性畏涝，要求排水良好，耐旱，但在土壤适度湿润时生长最好。

梅花的栽培可以分为露地栽培、盆栽栽培、切花栽培。

①露地栽培和养护

依据梅花的生态习性，应选择土质疏松、排水良好、通风向阳的高燥环境，成活后一般天气不旱不必浇水。每年施肥3次，入冬时施基肥，以提高越冬防寒能力及备足明年生长所需养分，花前施速效性催花肥，新梢停止生长后施速效性花芽肥，以促进花芽分化，每次施肥都要结合浇水进行。冬季北方应采取适当措施进行防寒。地栽尤应注意修剪整形，合理地整枝修剪有利于控制株形，改善树冠内部光照条件，促进幼树提早开花。修剪以疏剪为主，最好整成美观自然的开心形，截枝时以略微剪去枝梢的轻剪为宜，过重易导致徒长，影响来年开花。多于初冬修剪枯枝、病枝和徒长枝，花后对全株进行适当修剪整形。此外，平时应加强管理，注意中耕、灌水、除草、防治病虫害等。

②盆栽栽培和养护

梅花盆栽可在年前上盆。盆土宜疏松、肥沃、排水良好，盆底施足基肥。盆栽梅花对水分比较敏感，要求也比较严格。盆土过湿轻则根系发育不良，叶黄而落，重则伤根毁树；过干则短枝少，新梢伸长慢，易落叶，花芽发育不良。因此盆栽梅花浇水应干浇湿停、见干见湿、不干不浇、浇则浇透，雨天要避免盆土内积水。盆栽梅花因已施足底肥且不喜大肥，当新梢长到约 5cm 时，可施 1 次薄饼肥水，促使枝条生长健壮。花后展叶时，肥水要充足，以 4～5 周施 1 次稀薄液肥为宜。待枝条长到 20cm 时控制施肥。为促使花芽分化，夏末秋初施追肥，每次施肥后都应当浇水。

盆栽梅花应放在通风向阳处养护，冬季多晒太阳则花芽饱满粗壮，花色艳丽，姿态美观。若控制树形，促使幼树提早开花，需适时修剪整形。盆栽梅花应每隔 1～2 年在早春花后修剪完毕进行换盆、换土。

③切花栽培和养护

栽培以生产切花为目的者，多在露地成片栽植，株行距要小（3m×3m），主干留低（约 30cm），并适当重剪，多施肥，以促进生长大量枝条，使树体呈灌木状。每年都要对当年生枝条短剪，供插瓶及其他装饰用。落叶后要施足肥料以恢复树势，来年花谢后施肥以磷肥为主。适合切花栽培的品种主要为宫粉型、玉碟型和绿萼型的梅花。

75. 如何栽培和养护兰花？

(1) 基本介绍

兰花（*Cymbidium* ssp.）：为兰科兰属多年生花卉，花色丰富、花

具香味。中国传统名花中的兰花仅指分布在中国兰属植物中的若干种地生兰，如春兰、蕙兰、建兰、墨兰和寒兰等，即通常所指的"中国兰"。这一类兰花与花大色艳的热带兰花大不相同，没有醒目的艳态，没有硕大的花、叶，却具有质朴文静、淡雅高洁的气质，很符合东方人的审美标准。中国人历来把兰花看作高洁典雅的象征，并与"梅""竹""菊"并列，合称"四君子"，为中国十大名花之一。

（2）栽培和养护技术

兰花喜阴，怕阳光直射；喜湿润，忌干燥；喜肥沃、富含大量腐殖质的土壤；宜空气流通的环境。

①栽培技术

兰花一般采用分株法进行繁殖，可以结合换盆进行。早春开花的秋末换盆，夏秋开花的早春换盆。分栽前 1～2d 停止浇水。分株时，将植株扣出盆，抖掉盆土，剪除败根，用清水冲洗，晾至根稍萎蔫变软后，沿假鳞茎向空隙较大处剪开，使每段根上有 3～5 个假鳞茎。剪口涂抹硫黄粉或草木灰防腐。盆栽兰花，应当以通气和吸水性能好的瓦盆为先。在选好口大口深、底孔排水好的花盆后，先洗刷干净，再进行消毒杀菌处理，底孔用铁纱或塑料窗纱覆盖，以防止害虫由此孔进入伤害花根。盆底用洗净消毒的碎瓦砾垒成圆形底垫，上铺粗沙子，沙子上再铺较粗山土填至盆深的 1/2 处，然后把植株放在盆内中心，最后加上山泥土，不可太满，以防兰花株心进土。在土填好后，用手捏住株苗，轻轻往上提，并轻摇花盆，以使根茎舒展和根茎周围土壤严实。最后浇透水，置盆于阴凉处，保持空气湿润，15～20d 后可生根成为新株。

②养护技术

a.不施肥不行，多施、重施更不行。一般来说，叶芽新出，可用少量氮肥施几次。春分、秋分和花谢后 20d 左右都是比较恰当的时节。施肥时间以傍晚最好，第二天清晨再浇 1 次清水，每隔 2～3 周施 1 次。同时每隔 20d 喷磷酸二氢钾 1 次，促使孕蕾开花。视叶色施肥是较妥当的办法，叶显黄而薄是缺肥，应追肥；黑而叶尖发焦是肥过多，应停止施肥。肥料一定要充分腐熟或发酵，未经充分腐熟或发酵的肥料不能使用，忌用人粪尿。

b. 浇水：兰花八分干、二分湿最好，在花期与抽生叶芽期，浇水要少些。梅雨季节应搬回室内或搭棚遮雨。夏季于清晨或傍晚浇水，也不宜太多，秋天浇水量可以酌增。在干旱季节，每天傍晚喷雾。喷时要向上喷，则雾点细匀，使叶面湿润，地面潮湿，增加空气湿度。有时一日最好喷数次。要从盆边浇水，不可当头倾注，不可中午浇水。冬季浇水量虽可大减，但不是不浇，注意不能让盆土干透。冬末春初如浇水致使叶片叶鞘沾湿，待晒干后搬入室内，以免发生腐烂。

c. 光照：光照是形成花芽的重要因素。兰花虽然喜凉，但如果常年放在隐蔽处也很少开花。在春夏季节，兰花最好用芦帘遮阴或放置于室内朝东朝南通风的窗口。

d. 场所：兰花放置的场所很重要，它直接影响兰花的生长发育。兰花一般在春、夏、秋三季放在露地（夏季放在露地荫蔽处），冬季则放在室内。室外最好要四周空旷，空气湿润；室内要有充足的光线，最好朝南，这样有利于兰花生长。兰盆最好放在木架或桌子上，不要放在地面上。

76. 如何栽培和养护牡丹？

（1）基本介绍

牡丹（*Paeonia suffruticosa* Andr.），别称鼠姑、鹿韭、白茸、木芍药、百雨金、洛阳花、富贵花，为芍药科芍药属落叶灌木。牡丹花色艳丽，品种丰富，有"花中之王"的美誉。牡丹在中国栽培甚广并早已引种世界各地，为中国十大名花之一。

（2）栽培和养护技术

牡丹性喜温暖、凉爽、干燥、阳光充足的环境。牡丹喜阳光，也耐半阴，耐寒，耐干旱，耐弱碱，忌积水，怕热，怕烈日直射。它适宜在疏松、深厚、肥沃、地势高燥、排水良好的中性沙壤土中生长；在酸性或黏重土壤中生长不良。

牡丹的繁殖方法有分株、嫁接、播种等，以分株及嫁接居多，播种方法多用于培育新品种。

①栽培技术

牡丹为肉质根、怕积水，地栽应选择地势高燥、排水通畅的处所。土壤要求质地疏松、肥沃，中性微碱。栽培时将所栽牡丹苗的断裂、病根剪除，将杀虫、杀菌剂放入事先准备好的盆钵或坑内，根系要舒展，填土至盆钵或坑多半处将苗轻提晃动，踏实封土，深度以根茎处略低于盆面或地平为宜。盆栽牡丹的盆土可用饼肥和沙壤黏土的混合土或用充分腐熟的厩肥、园土、粗沙各 1/3 混匀的培养土。上盆前应先将植株晾 1～2d 使根软化，以利于栽植。枯枝败叶、病伤根和过长的根应剪去，伤口涂草木灰等以防感染病菌。栽植时将根理顺，加土至盆的 1/3 处时，轻轻提摇植株，使根系舒展并与土密接；要分层填土，用手压实，栽植深度以使土面与根颈相平为准。然后浇透水，置半阴处，缓苗后转入正常管理。

②养护管理

a. 浇水：栽植后浇一次透水。牡丹忌积水，生长季节酌情浇水。北方干旱地区一般浇花前水、花后水、封冻水。盆栽为便于管理可于花开后剪去残花连盆埋入地下。

b. 施肥：栽植一年后，秋季可行施肥，以腐熟有机肥料为主，结合松土、撒施、穴施均可。春夏季多用化学肥料，结合浇水施花前肥、花后肥。盆栽可结合浇水施液体肥。

c. 修剪：栽植当年，多行平茬。春季萌发后留 5 枝左右，其余抹除，集中营养，以使第二年花大色艳。在秋冬季，结合清园，剪去干花柄、无花枝。盆栽时，按需要修整成自己喜爱的形状。

d. 中耕：生长季节应及时中耕，拔除杂草，注意防止病虫害发生。秋冬时，对二年生以上牡丹实施翻耕，以利于根部生长。

e. 换盆：当盆栽牡丹生长三四年后，需在秋季换入加有新肥土的大盆或分株另栽。

77. 如何栽培和养护芍药？

(1) 基本介绍

芍药（*Paeonia lactiflora* Pall.），别称将离、离草、婪尾春、余容、

犁食、没骨花、黑牵夷、红药等，为芍药科芍药属多年生草本花卉。芍药花色艳丽，品种丰富，在中国栽培历史悠久，为中国主要名花之一。芍药可做专类园、切花、花坛用花等，芍药和牡丹搭配可在视觉效果上延长花期，因此常和牡丹搭配种植。

（2）栽培和养护技术

芍药喜光照，耐旱。传统的繁殖方法有分株、播种、扦插、压条等。其中以分株法最为易行，被广泛采用。播种法仅用于培育新品种、生产嫁接牡丹的砧木和药材生产。

①栽培技术

芍药性喜温和、较为干燥的气候，故耐寒忌湿，喜阳光而又耐半阴。芍药适宜种植在土层深厚、排水良好、疏松肥沃且富含腐殖质的沙壤土中。芍药花的繁殖多用分株法，多在 9 月下旬及 10 月上旬进行。分株时，先将地上茎叶从靠近地面处剪去，然后将全部根挖出，抖去泥土。根据原窝根的多少，以 3～5 个萌生新芽为一丛，分为若干个丛株，其切口处用草木灰或硫黄粉涂抹，阻止细菌入侵，晾 1～2d，使根变软栽植时不易折断即可。栽埋深浅以植根舒展，新苗芽头低于地面 5～8cm 不怕冻坏为宜。

②养护管理

a. 环境：室外培养应选阳光充足的地方，炎夏可略遮阴，以适应它喜凉爽的习性。

b. 浇水：生育期中浇水不宜多，保持盆土湿润即可，雨季切勿积水。

c. 施肥：追肥可进行 4～5 次，施用充分腐熟的液肥。现蕾后增施 1 次速效性磷钾肥，促使花大色艳。

d. 修剪：花前注意疏去侧蕾，使养分集中供给顶蕾；花后剪除花茎，使其不结实，以防浪费养分。秋季经霜叶枯后将地上部分清除。

78. 如何栽培和养护南洋杉？

（1）基本介绍

南洋杉（*Araucaria cunninghamii* Sweet），别名诺和克南洋杉、

小叶南洋杉、塔形南洋杉，为南洋杉科南洋杉属常绿乔木。南洋杉树形高大，姿态优美，树形为尖塔形，枝叶茂盛，叶片呈三角形或卵形，非常适合作为园景树或者纪念树，也可作为大型雕塑或风景建筑背景树，还是珍贵的室内盆栽装饰物。南洋杉适合放置在客厅、居室、书房，也可以用来布置会议室，具有极高的观赏价值，为世界五大园林树种之一。

（2）栽培与养护技术

南洋杉性喜温暖湿润，耐阴，不耐寒。

南洋杉可采用播种或扦插繁殖。

盆栽南洋杉的土壤用腐叶土、园土、河沙各 1/3 另加少量基肥配制最适合。平时加强养护管理。

①浇水：南洋杉性喜湿润环境，为此，干旱季节和夏季应注意经常向叶面喷洒清水，既能增加空气湿度，又可保持叶色清新光亮，对其进行光合作用十分有益。养护期间浇水要适当，夏季浇水要充足，以便及时补充叶面蒸腾需要，避免干旱受害；但浇水也不能过量，使盆土积水。平时以保持盆土经常湿润为宜。

②光照：南洋杉喜阳光充足，北方地区一般于 5 月上旬搬到南面阳台上或庭院向阳处，入夏后注意适当遮阴，避免暴晒。北方地区莳养，9 月底 10 月初就要移入室内，放在阳光充足处，控制浇水。

③温度：南洋杉可在多种不同的气温下生长，但耐寒性不强，生长适宜温度为 7～24℃。如温度升高就要提高植株周围的空气湿度。

④施肥：南洋杉生长较迅速，因此在其生长旺盛季节，需要经常施追肥，以补充其生长所需养分。一般从春季新芽萌发时开始，每月注意追施 1～2 次腐熟稀薄饼肥水，供其吸收利用，才能使其生长健壮。

⑤修剪：南洋杉易出现下部枝叶逐渐枯黄脱落的现象，造成整个植株头重脚轻，影响美观，在养护上要加以精心管理，进行必要的修剪。

南洋杉常见的病虫害有炭疽病、叶枯病、溃疡病、根瘤病和介虫等。

79. 如何栽培和养护虎耳草？

（1）基本介绍

虎耳草（*Saxifraga stolonifera* Curt.），别名石荷叶、金线吊芙蓉、老虎耳等，为虎耳草科虎耳草属多年生花卉。虎耳草耐阴性好，开花繁茂，适于室内和潮湿处栽培，适合放置在客厅、居室、书房，最好结合山水盆景布置，具有较高的观赏价值和药用价值。

（2）栽培和养护技术

虎耳草喜阴凉潮湿，土壤要求肥沃、湿润，以茂密多湿的林下和阴凉潮湿的坎壁上为好。

①栽培技术

虎耳草用分株繁殖。在夏季选择须根发达、生长健壮、高 7～10cm 的植株，将由匍匐枝长出的幼苗拔起作为种苗。若是在林下栽培，要清除地面杂草和过密的灌木，按行、株距各约 17cm 开穴，浅栽地表，把须根压在土里。若是在阴湿的石坎或石壁上栽培，可把苗栽在石缝里，用湿润的腐殖质土把须根压紧，浇水。

②养护管理

a. 浇水：喜湿润环境，春季要保持土壤湿润，经常向叶面及四周喷水，增加空气湿度。夏季及秋初气温高，植株处于半休眠状态，浇水宜少。冬季应见干见湿地浇水。

b. 施肥：春季生长旺盛期，每 20d 施一次氮肥，夏季高温及冬季低温时不施肥。经常除草，拔去过大的苔藓植物。

80. 如何栽培和养护郁金香？

（1）基本介绍

郁金香（*Tulipa gesneriana* L.），别称洋荷花、草麝香、郁香、荷兰花，为百合科郁金香属多年生球根花卉。郁金香花色艳丽，品种丰

富，为世界主要名花之一，是荷兰国花。郁金香可作专类园、切花、花坛用花等，也可盆栽观赏。

（2）栽培和养护技术

郁金香属长日照花卉，性喜向阳、避风，冬季温暖湿润，夏季凉爽干燥的气候；在8℃以上即可正常生长，一般可耐－14℃低温。郁金香耐寒性很强，在严寒地区如有厚雪覆盖，鳞茎就可在露地越冬，但怕酷暑，如果夏天来得早，盛夏又很炎热，则鳞茎休眠后难于度夏。要求腐殖质丰富、疏松肥沃、排水良好的微酸性沙壤土。忌碱土和连作。

郁金香常用分球和播种繁殖。

①栽培技术

郁金香喜欢生长在向阳、疏松、富含腐殖质、排水良好的沙壤土或培养土中，忌低湿黏重的土壤。生长期适温5～20℃，以15～18℃为宜；生根需要5℃以上；冬季球根可耐－35℃的低温。郁金香的繁殖以分球为主。一般在每年的6月，郁金香茎叶枯黄进入休眠，此时应将鳞茎掘出阴干后储藏，储藏时的温度应保持在17～23℃。一般盆栽郁金香在秋季上盆，可用15～20cm盆径的花盆，每盆栽4～5个球茎，10月种植较大的鳞茎翌年才可开花。球茎覆土应以球茎的2倍深为宜，约在12月上、中旬将花盆移至半阴处，保持室温在5～10℃。来年2月芽出土后，移至阳光下并追肥数次。郁金香的根系再生能力很弱，折断后不能继续生长。一般及时摘去花朵，以利于球茎长大。

②养护管理

a. 水分：栽培过程中切忌灌水过量，但定植后1周内需水量较多，应浇足；发芽后需水量减少，尤其是在开花时水分不能多，浇水应做到少量多次。但如果过于干燥，生育会显著延缓。郁金香生长期间，空气湿度以保持在80%左右为宜。

b. 光照：种球发芽时，其花芽的伸长会受到阳光的抑制。因此必须深植并进行适度遮光，以防止直射阳光对种球生长产生不利的影响。

c. 施肥：郁金香较喜肥，栽前要施足基肥。一般采用干鸡粪或腐熟的堆肥作基肥并充分灌水，定植前2～3d仔细耕耙确保土质疏松。种球生出两片叶后可追施1～2次液体肥，生长旺季每月施3～4次氮、磷、钾均衡的复合肥。花期要停止施肥，花后施 1～2 次磷酸二氢钾或复合肥的液肥。

81. 如何栽培和养护风信子？

（1）基本介绍

风信子（*Hyacinthus orientalis* L.），别称洋水仙、西洋水仙、五色水仙、时样锦，为百合科风信子属多年生球根花卉。风信子花色艳丽，品种丰富，花形奇特，叶色青绿，姿态潇洒，为世界主要名花之一，常用于花坛、切花和盆栽，实是春节等喜庆节日的理想用花，亦适合丛植于草坪中，镶嵌在假山石缝中或片植在疏林下、花坛边缘。

（2）栽培和养护技术

风信子属长日照花卉，性喜向阳、避风，冬季温暖湿润，夏季凉爽干燥的气候。喜好冷凉的气候，忌高温多湿。

风信子常用分球和播种繁殖。

①栽培技术

a. 地栽：风信子应选择排水良好、不太干燥的沙壤土，要求土壤肥沃，有机质含量高，团粒结构好，中性至微碱性的培养土。在栽种前，可用福尔马林等化学药剂对培养土进行消毒，种植前要施足基肥，大田栽培，忌连作。宜于 10—11 月进行，排水良好是选择土壤极其重要的条件。一般开花前不做其他管理，花后如不拟收种子，应将花茎剪去以促进球根发育，剪除位置应尽量在花茎的最上部。6 月上旬即可将球根挖出，摊开、分级贮藏于冷库内。夏季温度不宜超过 28℃。

b. 盆栽：用壤土、腐叶土、细沙等混合作营养土，一般 10cm 口径盆栽 1 球，15cm 口径盆栽 2～3 球，然后将盆埋入土中，其上覆土 10～15cm，经 7～8 周，芽长到 10cm 以上时，去其覆土使阳光照射，一般 10—11 月栽植，3 月开花。

②养护管理

a. 光照：风信子只需 5000lx 以上就可保持正常生理活动。光照过弱会导致植株瘦弱、茎过长、花苞小、花早谢、叶发黄等，可用白炽灯在

1m左右处补光；但光照过强也会引起叶片和花瓣灼伤或花期缩短。

b.湿度：土壤湿度应保持在60%～70%，过高则根系呼吸受抑制易腐烂，过低则地上部分萎蔫，甚至死亡；空气湿度应保持在80%左右，并且可通过喷雾、地面洒水增加湿度，也可用通风换气等办法降低湿度。

c.温度：温度过高，如高于35℃时，会出现花芽分化受抑制、畸形生长、盲花率增高的现象；温度过低，又会使花芽受到冻害。

82. 如何栽培和养护月季？

（1）基本介绍

月季（*Rosa chinensis* Jacq.），别称月月红、月月花、长春花、四季花、胜春，为蔷薇科月季属多年生落叶灌木。月季花色多，品种极其丰富，花形奇特，为世界主要名花之一，我国十大名花之一。中国是月季的原产地之一。月季花荣秀美，姿色多样，四时常开，深受人们的喜爱，地栽、盆栽均可，适用于美化庭院、装点园林、布置花坛、配植花篱花架，可作切花，也可用于作花束和各种花篮。月季花朵还可提取香精并可入药。

（2）栽培和养护技术

月季花对气候、土壤要求虽不严格，但以疏松、肥沃、富含有机质、微酸性、排水良好的壤土较为适宜。月季性喜温暖、日照充足、空气流通的环境。大多数品种适宜温度白天为15～26℃，晚上为10～15℃。冬季气温低于5℃即进入休眠。有的品种能耐－15℃的低温和35℃的高温。

月季可采用播种、分株、扦插、压条等繁殖技术。

①栽培技术

a.行距：露地栽月季，根系发达，生长迅速，植株健壮，花朵微大，观赏价值高。在管理时根据不同的类型、生长习惯和地理条件来选择栽培措施。栽培密度直立品种株行距为75cm×75cm，扩张性品种株行距为100cm×100cm，纵生性品种株行距为40cm×50cm，藤木品种

株行距为200cm×200cm。月季地栽的株距为50～100cm，根据苗的大小和需要而定。

b. 土壤：露地栽培选择地势较高，阳光充足，空气流通，土壤微酸性的地方。栽培时深翻土地并施入有机肥料作基肥。盆栽月季花宜用腐殖质丰富而呈微酸性肥沃的沙壤土，不宜用碱性土。在每年的春天新芽萌动前要更换一次盆土以利于其旺盛生长，换土有助于月季当年开花。月季花可以用各种材质的花盆栽种，瓦盆自然也是可以的。配制营养土应该注意排水、通风及各种养分的搭配。每年越冬前后适合翻盆、修根、换土，逐年加大盆径，以泥瓦盆为佳。

②养护管理

a. 光照：月季花喜光，在生长季节要有充足的阳光，每天至少要有6h的光照，否则只长叶子不开花，即便是结了花蕾，开花后花不艳也不香。

b. 浇水：给月季花浇水是有讲究的，要达到见干见湿，不干不浇，浇则浇透的要求。月季花怕水淹，盆内不可有积水，水多易烂根。

c. 施肥：月季花喜肥。盆栽月季花要勤施肥，在生长季节，要10d浇1次氮肥水。不论使用哪一种肥料，切记不要过量，防止出现肥害，伤害花苗。月季喜肥，基肥以缓效性的有机肥为主，如腐熟或发酵的牛粪、鸡粪、豆饼、油渣等。每半月加液肥水1次，能常保叶片肥厚、深绿有光泽。

d. 修剪：花后要剪掉干枯的花蕾，一般宜轻度修剪，及时剪去开放的残花和细弱、交叉、重叠的枝条，粗壮、年轻的枝条从基部起只留3～6cm，留外侧芽，修剪成自然开心形，使株形美观，延长花期。夏季修剪主要是剪除嫁接砧木的萌蘗枝花。花后带叶剪除残花和疏去多余的花蕾，减少养料消耗，为下期开花创造好的条件。

e. 通风：不论是庭院栽培还是阳台栽培，一定要注意通风。通风良好，月季花才能生长健壮，还能减少病虫害发生。

f. 温度：月季花性喜凉爽温暖的气候环境，怕高温，最适宜的温度是18～28℃。当气温超过32℃时，花芽分化就会受到抑制。所以，在气温较高的盛夏，月季通常不开花，即便有少量的花，也比在常温下要逊色得多。高温时可以把花盆移至阴凉的环境中养护。

83. 如何栽培和养护曼地亚红豆杉？

（1）基本介绍

曼地亚红豆杉（*Taxus media*），为红豆杉科红豆杉属常绿小乔木。原产于美国、加拿大，是一种天然杂交品种。曼地亚红豆杉四季常青，秋果红艳，呈现给人健康饱满的外观，耐修剪，好造型，适于盆栽和庭院栽植，具有较高的园艺价值。

（2）栽培和养护技术

曼地亚红豆杉为耐阴树种，喜温暖湿润的气候，喜腐殖质丰富的酸性土壤，萌发力强，耐低寒，能耐−25℃的低温。

曼地亚红豆杉可采用种子繁殖和扦插繁殖，以扦插繁殖为主。

曼地亚红豆杉原产于美国、加拿大，是一种天然杂交种，其母本为东北红豆杉，父本为欧洲红豆杉。曼地亚红豆杉适应性广，极其耐冻，但不耐热，气温超过30℃则生长缓慢。

在扦插前后，要在苗床上方搭建遮阳网，遮光率以85％为好，温度保持在22～32℃为好，空气湿度在70％～80％。若温度过高，则应及时通风。扦插4周以后，每周喷洒1次浓度2‰～4‰的磷酸二氢钾溶液以促进根生长。一般在种植3年以后，应适当采收枝叶。剪枝以轻剪为主，剪去多年生的枝梢并留一小节枝干，以便翌年萌发枝叶。

84. 如何栽培和养护水仙花？

（1）基本介绍

水仙花（*Narcissus tazetta* L. var. *chinensis* Roem.），别名中国水仙，为石蒜科水仙属多年生球根花卉。水仙花独具天然丽质，芬芳清新，素洁幽雅，超凡脱俗。因此，人们自古以来就将其与兰花、菊花、菖蒲并列为花中"四雅"，又将其与梅花、山茶、迎春花并列为雪中

"四友"。它只要一碟清水、几粒卵石，置于案头窗台，就能在万花凋零的寒冬腊月展翠吐芳，显得春意盎然，祥瑞温馨。人们用它庆贺新年，作为"岁朝清供"的年花。水仙花在客厅、书房摆放，是冬季、春季的主要闻香花卉。

(2) 栽培和养护技术

水仙花为秋植球根类温室花卉，喜阳光充足，生命力顽强，能耐半阴，不耐寒。7—8 月落叶休眠，在休眠期鳞茎的生长点部分进行花芽分化，具秋冬生长、早春开花、夏季休眠的生理特性。水仙喜光、喜水、喜肥，适于温暖、湿润的气候条件，喜肥沃的沙壤土。生长前期喜凉爽，中期稍耐寒，后期喜温暖，因此要求冬季无严寒，夏季无酷暑，春秋季多雨的气候环境。

水仙花可采用子球、侧球和双鳞片繁殖，以侧球繁殖为主。

栽培水仙有家庭水养和盆土栽培两种方法。

家庭水养法即用浅盆水浸法培养。将经催芽处理后的水仙直立放入水仙浅盆中，以加水淹没鳞茎1/3为宜。盆中可用石英沙、鹅卵石等将鳞茎固定。

白天水仙盆要放置在阳光充足的地方，晚上移入室内并将盆内的水倒掉，以控制叶片徒长。次日早晨再加入清水，注意不要移动鳞茎的方向。刚上盆时，水仙可以每日换 1 次水，以后每 2～3d 换 1 次，花苞形成后，每周换 1 次水。水养水仙一般不需要施肥，如有条件，在开花期间稍施一些速效磷肥，花可开得更好。由于水仙具有毒性，不可摆放在卧室、厨房、儿童房间，也不可与食物等摆放在一起。

盆土栽培或地栽在家庭中较少采用，一般于 10 月中下旬，用肥沃的沙壤土把大块鳞茎栽入有孔的花盆中，栽入一半露出一半，鳞茎下面应事先垫一些细沙，以利于排水。把花盆置于阳光充足、温度适宜的室内。以 4～12℃为好，温度过低容易发生冻害，温度过高再加之光照不足，容易徒长，植株细弱，开花时间短暂，降低观赏价值。管理中如果满足光照和温度的要求则叶片肥大，花葶粗壮，因而能使花朵开得大，芳香持久。盆土栽培水仙，可在开花前追施 2～3 次液肥。

85. 如何栽培和养护山茶?

（1）基本介绍

山茶（*Camellia japonica* L.），别称山茶花、茶花，为山茶科山茶属常绿小乔木。山茶在秋冬季节绽放，斗寒傲霜，花色丰富，品种多，花期长，可以从秋天一直开到春天。它适于庭院栽植，又适作盆景和插花，是秋冬季赏花的理想名贵花木，花芳香美丽，是园林绿化植物，为我国传统十大名花之一。

（2）栽培和养护技术

山茶惧风喜阳，喜地势高爽、空气流通、温暖湿润、排水良好、疏松肥沃的沙壤土、黄土或腐殖土。喜酸性土壤，pH（氢离子浓度指数）以 5.5～6.5 为佳，并要求较好的透气性。生长适温为 20～32℃，大部分品种可耐−8℃低温，在淮河以南地区一般可自然越冬。

山茶可用扦插、嫁接、压条、播种等方法进行繁殖。山茶的茎枝再生能力强，因此用扦插和嫁接成活率更高。

长江以北以春植为好，长江以南以秋植为好。地栽应选择排水良好、保水性能强、富含腐殖质的沙壤土。

山茶为半阴性花卉，夏季需搭棚遮阴。立秋后气温下降，山茶进入花芽分化期，应逐渐使全株受到充足的光照。冬季应置于室内阳光充足处，若室内光线太弱，山茶则生长不良并易得病虫害。山茶为长日照植物，在日长 12h 的环境中才能形成花芽。适宜生长温度为 18～25℃，适宜开花温度为 10～20℃，高于 35℃会灼伤叶片。

山茶对肥水要求较高，中性和碱性壤土均不利于其生长，在北方尤其要注意将碱性水经过酸化处理后才可浇花。浇水量不可过大，否则易烂根。一般冬季室内较干燥，应经常向山茶叶面喷水，以形成一个湿润的小气候，但阴雨天忌喷水。浇水时不要把水喷在花朵上，否则会引起花朵霉烂，缩短花期。花谢后及时摘去残花。家庭用自来水应先在水桶中存放一两天，让氯气挥发掉再用来浇水。水中最好放 1% 的硫酸亚铁，以利于改善水质。

山茶喜肥。一般在上盆或换盆时在盆底施足基肥。秋冬季因花芽发育快，应每周浇 1 次腐熟的氮液肥并追施 1～2 次磷钾肥，氮肥过多易使花蕾焦枯，开花后可少施或不施肥。施肥以稀薄矾肥水为好，忌施浓肥。一般春季萌芽后，每 2～3 周施 1 次薄肥水，夏季适当施磷、钾肥，初秋后可停肥 1 个月左右，花前再适当施矾肥水，开花时再施速效磷、钾肥，使花大色艳，花期长。

山茶常见的病虫害有炭疽病、枯梢病、斑叶病、煤烟病、红蜘蛛、蚜虫、介虫、卷叶蛾等。

86. 如何栽培和养护茶梅？

(1) 基本介绍

茶梅（*Camellia sasanqua* Thunb.），为山茶科山茶属常绿灌木。茶梅叶色常青，树枝优美，枝条伸展，在秋冬季节花开满枝，特别惹人喜爱，花色丰富，品种多，花期长。它适于庭院栽植，又适作盆景和插花，是秋冬季赏花的理想名贵花木，为我国传统名花之一。

(2) 栽培和养护技术

茶梅性喜阴湿，以半阴半阳最为适宜，夏日强光可能会灼伤其叶和芽，导致叶卷脱落，生长期有适当的光照才能开花繁茂鲜艳。茶梅喜温暖湿润的气候，适生于肥沃疏松、排水良好的酸性沙壤土中，宜生长在富含腐殖质、湿润的微酸性土壤中，pH 以 5.5～6 为宜。茶梅较耐寒，适宜温度为 18～25℃；抗性较强，病虫害少。

茶梅可用播种、扦插、嫁接等繁殖，以扦插、嫁接繁殖为主。

养护茶梅的关键有以下几点。

①选盆用土：栽植用盆以泥瓦盆为好，以利于透气吸水。盆土宜选择质地疏松、排水流畅、微酸性的培养土。

②合理浇水：新植茶梅应保持盆土湿润而不过湿，浇水要见干见湿，浇则浇透。

③适量施肥：新植茶梅小苗，则开始切忌施肥，若过早施肥，易造成小苗死亡。待发叶生根时，给叶面喷施 0.2% 磷酸二氢钾水溶液和加喷极少量尿素。在一般情况下，2—3 月施 1 次稀薄氮肥，9—10 月施

1次0.2％磷酸二氢钾水溶液，保持土壤呈微酸性即可。

④光照与遮阴：茶梅喜光照充足，春季应接受全光照。由于夏日阳光会灼伤叶子，所以应适当庇荫。

茶梅病虫害较少，主要有灰斑病、煤烟病、炭疽病、介虫、红蜘蛛等。

87. 如何栽培和养护凤梨？

（1）基本介绍

凤梨（*Ananas comosus*（Linn.）Merr.），别名菠萝、菠萝皮、草菠萝、地菠萝等，为凤梨科凤梨属多年生花卉。花序于叶丛中抽出，苞片基部绿色，品种多，花色丰富，观赏期长。它适于盆栽供室内观赏，是重要年宵花。

（2）栽培和养护技术

凤梨具有较强的耐阴性，喜漫射光、忌直射光，喜高温多湿环境和微酸性土壤，对土壤有较广泛适宜性。

凤梨可用播种或分株繁殖。凤梨从开花至种子成熟一般需要3～4个月的时间。凤梨的种子很小，一个果实可产生数十粒种子，1株可产生上千粒种子。凤梨的播种方法可采用室内盆播或育苗盘播种。分株繁殖常在春季进行，高温期间分株的成活率较低。

凤梨全年均可栽培，以4—5月定植最好，成活率较高。水分管理及水质对凤梨非常重要，一般含盐量越低越好，高钙、高钠盐的水质会使叶片失去光泽。凤梨需要镁元素，在配置肥料时，镁肥含量应以12％为佳。日常管理时要勤换盆，调整间距，及时摘除老叶。

88. 如何栽培和养护菊花？

（1）基本介绍

菊花（*Déndranthema morifolium*（Ramat.）Tzvel.），别名指甲

花、凤仙透骨草等，为菊科菊属多年生花卉。菊花花色丰富，品种多样，栽培历史悠久，花文化丰富，是重要的切花，也是园林中花坛和花境主要花材，是世界四大切花之一，中国十大传统名花之一，花中四君子之一。菊花在庭院和乡村房前屋后栽植均很适宜，也可盆栽观赏。因菊花具有清寒傲雪的品格，才有陶渊明的"采菊东篱下，悠然见南山"的名句。中国人有重阳节赏菊和饮菊花酒的习俗，在古神话传说中菊花还被赋予了吉祥、长寿的含义。菊花是经长期人工选择培育的名贵观赏花卉。公元 8 世纪前后，用于观赏的菊花由中国传至日本，17 世纪末叶荷兰商人将中国菊花引入欧洲，18 世纪传入法国，19 世纪中期引入北美，此后中国菊花遍及全球。

（2）栽培和养护技术

菊花喜阳光，忌荫蔽，较耐旱，怕涝。菊花的适应性很强，喜凉，较耐寒，生长适温为 18～21℃，喜地势高燥、土层深厚、富含腐殖质、轻松肥沃而排水良好的沙壤土。在微酸性到中性的土中均能生长，而以 pH 为 6～7 较好，忌连作。

菊花可用播种、扦插、分株、嫁接、压条及组织培养等方法繁殖，以扦插繁殖为主。

菊花种类繁多，花序大小和形状各不相同。根据花期早晚，可分为早菊花、秋菊花和晚菊花；根据花茎大小，可分为大菊、中菊和小菊；根据瓣型，可分为平瓣、管瓣、匙瓣三类十多个类型。

菊花为短日照植物，在每天 14～15h 的长日照下进行营养生长，每天 12h 以上的黑暗与 10℃ 的夜温适于花芽发育。喜地势高、土层厚、富含腐殖质、疏松肥沃、排水良好的土壤，忌积涝。在微酸性至微碱性土壤中皆能生长。

菊花扦插可分为芽插、嫩枝插、叶芽插，其中嫩枝插应用最广。对于四、五月扦插，截取嫩枝 8～10cm 作为插穗，在 18～21℃ 下，3 周左右生根，约 4 周即可定植。露地插床，介质以素沙为好，床上应遮阴。分株一般在清明前后，把植株掘出，依据根的自然形态带根分开，另植盆中。嫁接可用黄蒿或青蒿作砧木。

盆栽菊花宜选用肥沃的沙壤土，先小盆后大盆，经 2～3 次换盆，7 月可定盆。定盆可选用 6 份腐叶土、3 份沙土和 1 份饼肥渣配制成混

合土壤。浇透水后放阴凉处，待植株生长正常后移至向阳处。

春季菊苗幼小，浇水宜少；夏季菊苗长大，天气炎热，蒸发量大，浇水要充足；立秋前要适当控水、控肥，以防止植株疯长；立秋后开花前，要加大浇水量并开始施肥，肥水逐渐加浓；冬季严格控制浇水。

当菊花植株长至10多厘米高时即开始摘心，摘心时只留植株基部4～5片叶，上部叶片全部摘除，待长出5～6片新叶时再将心摘去，使植株保留4～7个主枝，以后长出的枝、芽要及时摘除。摘心能使植株发生分枝，有效控制植株高度和株形。最后一次摘心时，要对菊花植株进行定型修剪，去掉过多枝、过旺及过弱枝，保留3～5个枝即可。

菊花常见的病虫害有褐斑病、白粉病、褐锈病、根腐病、蚜虫、红蜘蛛、尺蠖、蛴螬、潜叶蛾、地老虎等。

89. 如何栽培和养护荷花？

（1）基本介绍

荷花（*Nelumbo nucifera* Gaertn），别名莲、莲花、水芙蓉、藕花、芙蕖等，为睡莲科莲属多年生水生花卉。荷花花色丰富，品种多样，栽培历史悠久，花文化丰富，是我国十大传统名花之一，也是园林水体重要花卉。荷花成片、成丛、点缀均可，也可缸栽观赏。

（2）栽培和养护技术

荷花是水生植物，相对稳定的平静浅水、湖沼、泽地、池塘是其适生地。荷花的需水量由其品种而定，大株形品种如古代莲、红千叶相对水位深一些，但不能超过 1.5m，中小株形只适于 20～60cm 的水深。同时荷花对失水十分敏感，夏季只要 3h 不灌水，水缸所栽荷叶便萎靡，若停水 1d，则荷叶边焦，花蕾回枯。荷花喜光，生育期需要全光照的环境；荷花极不耐阴，在半阴处生长就会表现出强烈的趋光性。

荷花可采用播种和分藕繁殖。园林应用中，多采用分藕繁殖。若植于池塘，可用整枝主藕作种藕，否则可用子藕。无论哪种方式都需要完整无损的顶芽。

分栽初期，水不宜深，因浅水可提高土温，以后随着浮叶、立叶的生长应逐渐提高水位。

荷花生命力极强，能抵抗一般的病虫害。若有病虫害发生，虫害用常规方法防治，病害可用 25% 的可湿性多菌灵原粉或甲基托布津原粉撒在荷叶上。

90. 如何栽培和养护睡莲？

（1）基本介绍

睡莲（*Nymphaea tetragona* Georgi），别名子午莲、茈碧莲、白睡莲等，为睡莲科睡莲属多年生水生花卉。睡莲花色丰富，品种多样，栽培历史悠久，花文化丰富，是我国主要传统名花，也是园林水体重要花卉。睡莲成片、成丛、点缀均可，也可缸栽观赏。

（2）栽培和养护技术

睡莲喜阳光，通风良好，对土质要求不严，pH 为 6～8 均可正常生长，适宜水深 25～30cm，喜富含有机质的壤土。

睡莲可采用播种和分株繁殖，以分株繁殖为主。在 3—4 月，芽已萌动时，将根茎掘起用利刃切分若干块，另行栽植即可。

缸栽：栽植时选用高 50cm 左右、口径尽量大的无底孔花缸，花盆内放置混合均匀的营养土，填土深度控制在 30～40cm，便于储水。将生长良好的繁殖体埋入花缸中心位置，深度以顶芽稍露出土壤即可。栽种后加水但不加满，以土层以上 2～3cm 为佳，便于升温，以保证成活率。随着植株的生长逐渐增加水位。此方法的优点是管理方便，缺点是在京津地区冬季越冬困难，需移入温室或沉入水池。施肥是在每年春分前后，在花盆底部放入腐熟的豆饼或骨粉、蹄片等肥料，上面放入30cm 以上肥沃河塘泥即可。

池塘栽培：选择土壤肥沃的池塘，池底至少有 30cm 深的泥土。繁殖体可直接栽入泥土中，水位开始要浅，控制在 2～3cm，便于升温，随着生长逐渐增高水位。早春把池水放尽，底部施入基肥，之上填肥土，然后将睡莲根茎种入土内，淹水 20～30cm 深，生长旺盛的夏天水位可深些，种植后 3 年左右翻池更新 1 次，冬季结冰前要保持水深 1m

左右，以免池底冰冻，冻坏根茎。

睡莲常见的病虫害有折叠腐烂病、叶腐病、折叠炭疽病、小萤叶甲虫、睡莲缢管蚜、折叠螺蛳类等。

91. 如何栽培和养护常绿水生鸢尾？

（1）基本介绍

常绿水生鸢尾（*Iris hexagonus* Hybird），别名路易斯安娜鸢尾，为鸢尾科鸢尾属多年生水生花卉。常绿水生鸢尾系由六角果鸢尾、高大鸢尾、短茎鸢尾等杂交选育而成。常绿水生鸢尾花色丰富，品种多样，冬天常绿，是园林水体重要花卉，成片、成丛、点缀均可，也可盆栽观赏。

（2）栽培和养护技术

常绿水生鸢尾喜阳光充足和凉爽气候，耐寒力强，也耐半阴环境。对土壤要求适度湿润、排水良好、富含腐殖质、略带碱性的黏性土壤。能常年生长在20cm水位以上的浅水中，可作水生植物、湿地植物或旱地花境材料。特别适应冷凉性气候，在−9℃的低温条件下，能保持常绿且进行分蘖。在长江流域一带，该品种自11月至翌年3月分蘖，4月份孕蕾并抽生花葶，5月份开花，花期为20d左右。夏季高温期间停止生长，略显黄绿色，在35℃以上进入半休眠状态，抗高温能力较弱。

由于常绿水生鸢尾为杂交品种，很少结籽或不结籽，故生产上常用分株或组培的方法繁殖。鸢尾常用分株法繁殖。一般栽种2～4年后分栽1次。分割根茎时，注意每块应具有2～3个不定芽。

常绿水生鸢尾常见的病害有锈病和软腐病。

92. 如何栽培和养护花菖蒲？

（1）基本介绍

花菖蒲（*Iris ensata* var. *hortensis* Makino et Nemoto）是玉蝉花的

变种，为鸢尾科鸢尾属多年生水生花卉。花菖蒲花大而美丽，色彩也斑斓，叶片青翠似剑，品种多样，观赏价值高，是园林水体重要花卉。花菖蒲常在园林中成片、成丛布置，栽植于园林水体浅水区或布置专类园，也可植于林荫树下作为地被植物，还可盆栽观赏。

（2）栽培和养护技术

花菖蒲耐寒，喜水湿，春季萌发较早，花期通常在早春至初夏，冬季进入休眠状态，地上茎叶枯死。在肥沃、湿润的土壤条件下生长良好，自然状态下多生于沼泽地或河岸水湿地。好于湿地生长，也能旱生栽培。喜欢富含腐殖质的酸性土壤，忌石灰质土壤。

花菖蒲的繁殖方式主要有分株繁殖和种子繁殖。

花菖蒲栽植地应选择在排水良好、略黏质、富含有机质沙壤土的地方，pH 以 5.5～6.5 为宜。花菖蒲栽植以床栽为主，栽植穴深度为20～30cm，栽植时覆土应以比原根颈深 1.0～1.5cm 为宜。春秋或夏季花后均可栽植，最好分株与栽植同时进行，尽量少伤根，以利于分根苗尽快缓苗。秋或夏季花后分株栽植时应进行适当修剪。定植后，早期应尽量保持苗床有较高的湿度，可在秋季排净苗床水后施用腐熟有机肥。花菖蒲喜水湿，盆栽要充分浇水或将盆钵放于浅水中，冬季盆土可略干燥。

花菖蒲的抗性较强，病虫害较少。

93. 如何栽培和养护石蒜？

（1）基本介绍

石蒜（*Lycoris radiata* (L'Her.) Herb.），别名龙爪花、蟑螂花，为石蒜科石蒜属球根花卉。石蒜夏季开花，花色艳丽，叶片青翠，观赏价值高，是优良的草本花卉。园林中常用作下层地被，也可作花境材料或盆栽观赏，或作切花。

（2）栽培和养护技术

石蒜耐寒性强，喜阴性，也耐暴晒，喜湿润，也耐干旱，对各类土壤适应性广，但以疏松、肥沃的腐殖质土最好。常见栽培的同属植物有中国石蒜、忽地笑、换锦花、长筒石蒜等。

生产上和家庭栽培石蒜常用分球繁殖，在叶枯死时，花葶未抽出或刚枯萎时将子球分栽即可，也可用组织培养繁殖。

石蒜喜欢温暖的气候，在阳光充足的环境下生长，全日照或半日照的环境下皆很适合，以光照为50%～70%较佳。对土壤并不挑剔，不过若能提供富含有机质的沙壤土，它会长得更美丽。种植前应埋入充分的有机肥，之后每2个月施用追肥1次，可用自制的腐熟堆肥或三要素肥料，应偏重磷钾肥的比例，以促进球根发育和开花。石蒜膨大的地下茎较能忍受水分的缺乏，供应充足的水分则生长良好。长三角一带的栽培适宜时间是5—11月，切忌在长叶以后的冬季或早春移栽，栽植深度不宜太深，以鳞茎顶刚埋入土面为好。

石蒜在管理养护上要注意花前常浇水，休眠期不浇水，停止施肥，防止湿度过大而烂茎。花后若不采种，则及时除去枯花梗。

94. 如何栽培和养护木香花？

（1）基本介绍

木香花（*Rosa banksiae* Ait.），别名木香、木香藤、七里香、蜜香、青木香、五香、五木香、南木香、广木香，为蔷薇科蔷薇属常绿藤本花卉。春夏季开花，花色繁茂，花小形，多朵成伞形花序，具有较高观赏价值，是优良的藤架花卉。园林中常用作花架、矮墙、假山和建筑立面垂直绿化，也可作花境材料或盆栽观赏。

（2）栽培和养护技术

木香花喜光，较耐寒，畏水湿，忌积水，要求肥沃、排水良好的沙壤土。萌芽力强，耐修剪。

木香花可用扦插、压条、嫁接等方法繁殖，在生产上一般采用扦插方法。扦插方法与其他植物类似，要注意的是扦插嫩枝需选用基部带踵的半木质化枝条，插入苗床深度以其2/3为宜。栽种时要施足基肥并设木架供其攀爬。生长期保持盆土湿润而不积水，每隔1个月施1次腐熟的稀薄液肥，液肥中氮肥含量不宜过多。

木香花的抗性一般较强，但如果因管理不当发生积水等情况，则会引起根枝叶腐烂等现象。此时应及时排水，保证不积水。

花后及时剪去残花和细弱、交叉、重叠的枝条，粗壮、年轻的枝条从基部起只留3～6cm，留外侧芽，修剪成自然开心形，使株形美观，延长花期。另外，盆栽木香花要选矮生多花且香气浓郁的品种，花后应加强肥水管理。

木香花常见的病虫害有焦叶病、溃疡病、黑斑病、锯蜂、蔷薇叶蜂、介虫、蚜虫等。

95. 如何栽培和养护凌霄？

（1）基本介绍

凌霄（*Campsis grandiflora* (Thunb.) Schum.），别名紫葳、五爪龙、红花倒水莲、倒挂金钟、上树龙、上树蜈蚣、白狗肠、吊墙花、堕胎花、芰华，为紫葳科凌霄属落叶攀缘花卉。春夏季开花，花色鲜艳，开花繁茂，具有较高观赏价值，是优良的藤架花卉。园林中常用作花架、矮墙、假山和建筑立面垂直绿化，也可作矿山、道路边坡等生态护坡植物。

（2）栽培和养护技术

凌霄适应性较强，喜光，也耐半阴、耐寒、耐旱、耐瘠薄，病虫害较少，以排水良好、疏松的中性土壤为宜，忌酸性土。忌积涝、湿热，一般不需要多浇水。凌霄不喜欢大肥，不要施肥过多，否则影响开花。萌芽力很强，很耐修剪。

凌霄可用播种、扦插、压条、分株的方式进行繁殖，其中分株繁殖的成活率很高。此外，凌霄周围的地面常有幼苗长出来，这是根系不定芽萌发的幼苗，可将其挖出移栽。

凌霄的水肥管理要薄肥勤施，每次花后都要施1次肥，肥料应以磷钾肥为主，10月以后停止施肥。植株长到一定程度要设立支杆，每年春季萌发要进行1次修剪整枝，保持树形优美。生长期应经常摘心，促进侧芽萌发。开花之前施一些复合肥、堆肥并进行适当灌溉，使植株生

长旺盛、开花茂密。

　　盆栽时，宜选择三至五年生植株，将主干保留 30～40cm 短截，同时修根，保留主要根系，上盆后使其重发新枝。萌出的新枝只保留上部 3～5 个，下部的全部剪去，使其成伞形，控制水肥，经 1 年即可成型。搭好支架任其攀附，次年夏季现蕾后及时疏花，并施 1 次液肥，则花大而鲜丽。冬季置于不结冰的室内，严格控制浇水，早春萌芽之前进行修剪。

　　凌霄常见的病虫害有凌霄灰斑病、白粉病、根结线虫病、霜天蛾、大蓑蛾、蚜虫等。

96. 如何栽培和养护紫藤？

（1）基本介绍

　　紫藤（*Wisteria sinensis*（Sims）Sweet），别名藤萝、朱藤、黄环，为豆科紫藤属落叶藤本花卉。自古作为庭院主要棚架植物，春季开花，先于叶开花，花序满枝，十分优美，具有较高观赏价值，是优良的藤架花卉。园林中常用作花架、矮墙、假山和建筑立面垂直绿化，也可作矿山、道路边坡等生态护坡植物，还可作为盆栽或制作盆景。紫藤为长寿树种，民间极喜种植，自古以来中国文人皆爱，将其作为咏诗作画的重要素材。

　　（2）栽培和养护技术

　　紫藤生性强健，喜光而略耐阴，较耐寒，能耐水湿及瘠薄土壤，以土层深厚、排水良好、向阳避风的地方栽培最为适宜。主根深，侧根浅，不耐移栽，生长较快，寿命很长，缠绕能力强，它对其他植物有绞杀作用。

　　紫藤繁殖容易，可用播种、扦插、压条、分株、嫁接等方法，主要用播种、扦插，但因实生苗培养所需时间长，所以应用最多的是扦插。

　　紫藤多于早春定植，定植前须先搭架，并将粗枝分别系在架上，使其沿架攀缘。应适当多施钾肥，生长期一般追肥 2～3 次。开花后可将中部枝条留5～6个芽短截并剪除弱枝，以促进花芽形成。夏季修剪紫藤弱枝和过盛枝条，促进花芽形成。必要时侧枝也可剪短，这样来年开花更盛。紫藤直根性强，故移植时宜尽量多掘侧根并带泥土。

紫藤抗性较强，病虫害少，紫藤常见的病虫害有软腐病、叶斑病、紫藤脉花叶病、蜗牛、介虫、白粉虱等。

97. 如何栽培和养护迎春花？

（1）基本介绍

迎春花（*Jasminum nudiflorum* Lindl.），别名迎春、小黄花、金腰带、黄梅、清明花，为木樨科素馨属半常绿蔓性灌木。迎春花枝条披垂，冬末至早春先花后叶，花色金黄，叶丛翠绿，在园林绿化中宜配置在湖边、溪畔、桥头、墙隅或在草坪、林缘、坡地，房屋周围也可栽植，还可作盆栽或盆景。

（2）栽培和养护技术

迎春花喜光，稍耐阴，较耐寒，怕涝，喜疏松肥沃和排水良好的沙壤土，在酸性土中生长旺盛，根部萌发力强。枝条着地部分容易生根。

迎春花很少结实，所以一般采用扦插、压条或分株的方法进行繁殖。

初春花可置于室外，多接受低温处理，然后移入10℃以下的室内，让其孕育花蕾，3～5d浇水1次并适时施磷肥，促进花繁叶茂。迎春花多在一年生枝条上形成花芽，因此在每年花后加强花修剪，促使其长出更多的侧枝，增加着花量。同时加强肥水管理，在生长后期增施磷、钾肥，这样才能在修剪后促进多发壮枝。日常管理中土壤以保持湿润为主，不干不浇，气候干燥时，可适当浇水增加湿度，雨后要防止盆中积水。在夏季烈日当头出现高温时，将它移至半阴处则更有利于其生长。

迎春花的花期长，抗性强，不易感染病虫害，主要病害有花叶病、褐斑病、灰霉病、斑点病、叶斑病等。

98. 如何栽培和养护桂花？

（1）基本介绍

桂花（*Osmanthus fragrans* (Thunb.) Lour.），别名木樨、岩桂，为木樨科木樨属常绿小乔木。桂花是集绿化、美化、香化于一体的观赏与实用兼备的优良园林树种，仲秋时节，丛桂怒放，花香远溢，堪称一绝，令人神清气爽。桂花在园林建设中有着广泛的运用，是中国传统十大名花之一，在中国古代的咏花诗词中多见，花可制茶，也可作盆栽或盆景。品种繁多，代表性的有金桂、银桂、丹桂、月桂等四大品种群。

（2）栽培和养护技术

桂花喜温暖、湿润，抗逆性强，既耐高温，也较耐寒，忌积水，但也有一定的耐干旱能力。桂花对土壤的要求不太严，除碱性土和低洼地或过于黏重、排水不畅的土壤外，一般均可生长，但以土层深厚、疏松肥沃、排水良好的微酸性沙壤土最为适宜。桂花对氯气、二氧化硫、氟化氢等有害气体都有一定的抗性，还有一定的吸滞粉尘的能力，适宜栽植在通风透光的地方。

桂花繁殖可采用播种、压条、嫁接和扦插方法。其中，播种繁殖花期较晚且不易保持优良性状；压条用于繁殖良种；嫁接繁殖常用女贞、小蜡、白蜡等树种作砧木，进行靠接或切接；扦插多在6月中旬至8月下旬进行。

移栽可选在春季或秋季，尤以阴天或雨天栽植为最好。移栽要打好土球，以确保成活率。栽植前，树穴内应先掺入草本灰及有机肥料，栽后浇1次透水。新枝发出前保持土壤湿润，勿浇肥水。一般春季施1次氮肥，夏季施1次磷、钾肥，使花繁叶茂，入冬前施1次越冬有机肥，以腐熟的饼肥、厩肥为主。除萌抹芽的重点在幼树近地面的根颈部位，一年要进行多次，特别在春、夏、秋梢旺发前要及时进行，嫁接后的除萌抹芽特别重要。

桂花常见的病虫害有褐斑病、桂花枯斑病、桂花炭疽病、螨和红蜘蛛等。

99. 如何栽培和养护杜鹃？

（1）基本介绍

杜鹃（*Rhododendron simsii* Planch.），别名杜鹃花、映山红、山石榴，为杜鹃花科杜鹃属落叶灌木。杜鹃是优良园林花卉，春夏开花时花繁叶茂，绮丽多姿。杜鹃的颜色丰富，有花中西施之雅称，是中国传统十大名花之一，在中国古代的咏花诗词中多见，也可作盆栽或盆景。杜鹃品种繁多，代表性的有春鹃、夏鹃、东鹃、西鹃等品种类型。

（2）栽培和养护技术

杜鹃喜凉爽、湿润、通风的半阴环境，既怕酷热又怕严寒，生长适温为12～25℃，夏季要防晒遮阴，冬季应注意保暖防寒，忌烈日暴晒，适宜在光照强度不大的散射光下生长。喜酸性土壤，忌碱性和黏质土壤，为典型的酸性土指示植物。

杜鹃可用扦插、嫁接、压条、分株、播种等方法繁殖，生产上以采用扦插繁殖最为普遍。

杜鹃栽植宜在春季萌芽前进行，选择在通风、半阴的地方，土壤要求疏松、肥沃、含丰富的腐殖质，以酸性沙壤土为宜，盆栽一般春季3月上盆或换土。杜鹃对土壤干湿度要求是润而不湿，栽植和换土后浇1次透水，使根系与土壤充分接触，以利根部成活生长。一般在春秋季节，对露地栽种的杜鹃可以隔2～3d浇1次透水；在炎热夏季，每天至少浇1次水；日常浇水，切忌用碱性水，浇水时还应注意水温不宜过低。

在每年的冬末春初，最好能对杜鹃园施一些有机肥料作基肥。4—5月杜鹃开花后，可每隔15d左右追1次肥，入冬后一般不宜施肥。

杜鹃常见的病虫害有根腐病、褐斑病、黑斑病、叶枯病、黄化病、红蜘蛛、军配虫、蚜虫、短须蜗等。

100. 如何栽培和养护石榴？

（1）基本介绍

石榴（*Punica granatum* L.），别名安石榴、山力叶、丹若、若榴木、金罂、金庞、涂林、天浆，为石榴科石榴属落叶小乔木。石榴是优良园林夏秋观花观果花木，初夏时节花开枝头，入秋时硕果累累，是中国传统主要花木，栽培历史悠久，适合在园林绿地和庭院中栽植，也可作盆栽或盆景。

（2）栽培和养护技术

石榴喜温暖向阳的环境，耐旱、耐寒，也耐瘠薄，不耐涝和荫蔽环境。对土壤要求不严，但以排水良好的夹沙土栽培为宜。

石榴可用播种、扦插和压条繁殖，以扦插繁殖为主。

石榴秋季落叶后至翌年春季萌芽前均可栽植或换盆，地栽时应选向阳、背风、略高的地方，土壤要疏松、肥沃、排水良好。盆栽选用腐叶土、园土和河沙混合的培养土并加入适量腐熟的有机肥，移栽时要带土球，栽后浇透水，放背阴处养护，待发芽成活后移至通风、阳光充足的地方。石榴地栽时，每年须重施1次有机肥；盆栽时1～2年需换1次盆，换盆时结合施肥，在生长季节，每年应追肥3～5次，平时及时松土除草，保持盆土湿润，严防干旱积涝。石榴需年年进行修剪，以促进树势均衡。

石榴常见的病虫害有白腐病、黑痘病、炭疽病、刺蛾、蚜虫、蜷象、介虫、斜纹夜蛾等。

101. 如何栽培和养护五针松？

（1）基本介绍

五针松（*Pinus parviflora* Sieb. et Zucc.），别名日本五须松、五钗松、日本五针松，为松科松属常绿小乔木。五针松植株较矮，生长缓慢，叶短枝密，姿态高雅，树形优美，适合园林庭院绿化，是制作造型树和盆景的重要树种。

（2）栽培和养护技术

五针松性喜温暖，但又怕炎热，最忌过阴，能耐严寒，喜干燥，能耐一定低温，适宜生长在疏松肥沃、排水性好的微酸性土壤中。

五针松繁殖主要靠扦插和嫁接手段，以嫁接为主，多以黑松为砧木。

五针松是阳性树种，春、秋、冬三季都应放在阳光充足处养护。阳光充足则针叶短而健壮，叶色碧绿，反之则针叶瘦弱，容易枯黄。春秋两季是五针松的生长季节，要经常保持盆土的湿润，促使枝叶生长。五针松对肥力要求不高，施肥不宜过多和过浓，施肥过多，会使枝梢徒长，针叶变长，妨碍观赏价值。一般只是在春秋生长期间进行 2 次施肥，春季在发芽前或展叶后各施 1 次有机液肥（饼肥水），秋天施肥可适当施浓些以促进健壮生长，在 10 月以后停止施肥。

五针松初上盆时，宜用素烧泥盆，因其通气性好，五针松易于成活。盆栽时若碱性过重针叶会发黄脱落，所以盆土以天然山泥土为好。一般每 3～4 年换盆 1 次，换盆宜在 2—3 月或 9—10 月进行，换盆时要适当剪去一些老根并浇透水。五针松盆栽应选干燥通风的环境，过湿过阴皆对其生长不利。

五针松整形的时间以在 11 月至次年 3 月为好，修剪期以初冬到翌年早春树液开始流动前为宜。摘芽是保持五针松盆景树形美的一项重要整形措施。每年春季五针松发芽时，为了使枝条长度变短、枝叶疏密得当，除控制肥水外，还要及时摘除造型不需要的芽，留下的芽也应视其长度摘去 1/2～2/3。

五针松常见的病虫害有锈病、根腐病、煤污病、介虫、红蜘蛛、蚜虫等。

102. 如何栽培和养护萱草？

（1）基本介绍

萱草（*Hemerocallis fulva* (L.) L.），别名黄花菜、金针菜、谖草、

鹿葱、川草花、忘郁、丹棘等，为百合科萱草属多年生宿根花卉。萱草花色鲜艳，绿叶成丛，为我国传统名花，在中国有几千年栽培历史，在古代的咏花诗词中多见，也是母亲节主题花，适于园林中多丛植或于花境、路旁栽植。

（2）栽培和养护技术

萱草适应性强，性强健，耐寒，喜湿润也耐旱，喜阳光又耐半阴，对土壤选择性不强，但以富含腐殖质、排水良好的湿润土壤为宜。

萱草可用种子繁殖，也可以分株繁殖，以分株繁殖为主。

萱草栽培管理简单粗放，每年10—11月地上部枯萎后或春季植株未萌芽前，挖起全株，每丛2～3个芽，若春季分株，夏季就可以开花。萱草水肥管理较简单，施肥时以腐熟的堆肥为宜，每年施追肥2次，入冬前施1次腐熟有机肥即可。

萱草常见的病虫害有叶斑病、叶枯病、锈病、炭疽病、茎枯病、红蜘蛛、蚜虫、蓟马、潜叶蝇等。

103. 如何栽培和养护玉簪？

（1）基本介绍

玉簪（*Hosta plantaginea* (Lam.) Aschers.），别名白萼、白鹤仙、玉春棒、白鹤花、玉泡花、白玉簪，为百合科玉簪属多年生宿根花卉。玉簪碧叶莹润，清秀挺拔，花色如玉，幽香四溢，是中国著名的传统香花，是优良园林花境和地被花卉，也可作盆栽观赏。

（2）栽培和养护技术

玉簪生性强健，耐寒冷，性喜阴湿环境，不耐强烈日光照射，要求土层深厚、排水良好且肥沃的沙壤土。

玉簪多采用播种或分株繁殖。

在春季或秋季，将玉簪整个植株挖出，抖去泥土，每3～4个芽切作一墩，分别盆栽或地栽。盆养每年春天换1次盆，地栽3年左右分栽1次，新株栽植后放在遮阴处，待恢复生长后便可进行正常管理。盆土一般用含腐殖质的泥炭土或沙土。栽植前，盆土或地里穴内施足腐叶土或堆肥土，生长期每 7～10d 施 1 次稀薄液肥。春季发芽期和开花前可施氮肥及少量磷肥作追肥，以促进叶绿花茂。生长期雨量少的地区要经常浇水，疏松土壤，以利于生长，冬季适当控制浇水。

104. 如何栽培和养护绣球？

(1) 基本介绍

绣球（*Hydrangea macrophylla*（Thunb.）Ser.），别名八仙花、粉团花、草绣球、紫绣球、紫阳花，为虎耳草科绣球属落叶亚灌木。绣球是优良园林花卉，花大而美，花色丰富，品种多，它在园林中可配置于疏林下或片植于阴向山坡，适宜栽植于庭院中，可作花篱或花境，也可作盆栽或切花。

(2) 栽培和养护技术

绣球喜温暖、湿润和半阴环境，绣球的生长适温为 18～28℃，是短日照植物，平时栽培要避开烈日照射。绣球的花色易受土壤 pH 影响，酸性土花呈蓝色，碱性土花呈红色。

绣球常用扦插、分株、压条和嫁接等方法繁殖，以扦插繁殖为主。

绣球盆栽宜在春季或秋季进行，等春季植株萌芽后注意充分浇水，保证叶片不凋萎，6—7 月花期时肥水要充足，盛夏光照过强时适当遮阴，可延长观花期。花后摘除花茎，促使产生新枝。盆栽绣球一般每年要翻盆换土 1 次，在 3 月上旬进行为宜。

绣球喜肥，生长期间，一般每 15d 施 1 次腐熟稀薄饼肥水。为保持土壤的酸性，可用 1%～3% 的硫酸亚铁加入肥液中施用。经常浇灌矾肥水，可使植株枝繁叶绿；孕蕾期增施 1～2 次磷酸二氢钾，能使花大色艳。要使盆栽的绣球树冠美、多开花，就要对植株进行修剪。

绣球的四季养护管理要点如下。

春季：盆栽的应修剪枯枝及翻盆换土，待服盆后可施以 1～2 次以氮肥为主的稀薄液肥，能促枝叶萌发。

夏季、秋季：应放置于半阴处或帘棚下，防止烈日直晒，避免叶片

泛黄焦灼。花前花后各施1~2次追肥，以促使叶绿花繁。花谢之后应及时修去花梗，保持姿态美观。盆土常保湿润，但要防止雨后积水，以防绣球的肉质根因水分过多而腐烂。

冬季：入冬后，露地栽培的植株要壅土保暖，使之安全越冬；盆栽的可置于朝南向阳、无寒风吹袭的暖和处。冬季虽枯叶脱落，但根枝仍成活，翌春又有新叶萌发。

绣球常见的病虫害有萎蔫病、白粉病、叶斑病、蚜虫、盲蝽等。

105. 如何栽培和养护朱顶红？

(1) 基本介绍

朱顶红（*Hippeastrum rutilum* (Ker-Gawl.) Herb.），别名映山红、山石榴，为石蒜科孤挺花属球根花卉。朱顶红是优良园林花卉，花大美艳，品种多，花色丰富，是传统名花之一，适合在林下、林缘种植，适合庭院成丛或成片应用，也可用作花境和盆栽观赏。

(2) 栽培和养护技术

朱顶红喜温暖、湿润的气候，生长适温为18~25℃，不喜酷热，阳光不宜过于强烈，忌积水，喜富含腐殖质、排水良好的沙壤土。

朱顶红可用分球、播种、切割鳞茎和组织培养繁殖，但家庭中以分球繁殖为主。春季2—3月剥掉母球四周的小球，剪出残根，晾晒2d后即可栽培，浅植。朱顶红生长快，经1年生长，应换上适应的花盆和新土。在换盆、换土、种植同时要施底肥，同时把败叶、枯根、病虫害根叶剪去，留下旺盛叶片，上盆后每月施磷钾肥1次，施肥原则是薄肥勤施，以促进花芽分化和开花。平时加强病虫害防治。

朱顶红开花谢去后，要及时剪掉花梗，让鳞茎增大和产生新的鳞茎；花后管理时除浇水量适当减少外，还应注意盆土不能积水，以免烂鳞茎球。

朱顶红常见的病虫害有病毒病、斑点病、线虫病、赤斑病和红蜘蛛。

106. 如何栽培和养护君子兰？

（1）基本介绍

君子兰（*Clivia miniata* Regel），别名剑叶石蒜、大叶石蒜，为石蒜科君子兰属多年生宿根花卉。君子兰是传统名花之一。

（2）栽培和养护技术

君子兰喜温暖、湿润、半阴环境，耐干旱，畏强烈的直射阳光。土壤要求深厚肥沃，排水良好，微酸性。

君子兰的繁殖可用分株及播种的方法。分株时每株必须带有一定数量的根，多在春季进行。种植时不宜过深，须压紧，然后浇透水放置于阴凉处。播种繁殖当种子成熟后剥去外皮取出种子立即播种，常进行盆播。

在养护管理上，君子兰是喜欢湿润的植物，适宜在高湿度环境下生长，但对光照要求不高。每隔2～3年换盆1次，换盆和换土时间最好选择在春秋两季，换盆最关键的一点就是要把根部用土压实，不然倘若根部没有土，那么水分和养分就达不到根部，易造成烂根。经常注意盆土干湿情况，出现半干就要浇1次，但浇的量不宜多，保持盆土润而不潮。做到适量施肥，盆土内加入腐熟的饼肥，生长期每隔10～15d施液肥1次。

君子兰常见的病虫害有枯萎病、叶斑病、细菌性腐烂病、白绢病、软腐病、炭疽病和介虫。

107. 如何栽培和养护驱蚊草？

（1）基本介绍

驱蚊草（*Pelargonium graveolens* L'Herit.），别名香叶天竺葵，为牻牛儿苗科天竺葵属多年生花卉。驱蚊草是特色园林花卉，因植株具有挥发性香气而广受欢迎，有一定驱蚊效果，也可用于制作精油。在园林

第二章　花卉栽培与养护技术

中可装饰岩石园、花坛及花境，盆栽可点缀客厅、居室、会场及其他公共场所，也可用于切花生产。

（2）栽培和养护技术

驱蚊草喜阳光充足，喜温暖，不耐寒也不耐酷暑，耐干旱、怕积水，喜富含有机质、排水良好的肥沃土壤。

由于驱蚊草花不育，不能结实，因此用扦插或组培的方式进行繁殖。

驱蚊草除在春秋生长开花旺盛时要施足基肥外，在生长季节，每隔15d左右施肥1次，特别是开花盛期，可每隔7～10d施1次稀薄的液肥。可适当多浇些水，应以保持盆土湿润为宜；冬季气温低，植株生长缓慢，应尽量少浇水；施肥前3～5d少浇或不浇水；盆土偏干时浇施，更有利于根系吸收。为使株形美观、多开花，在春季如植株生长过旺，可进行疏枝修剪，开花后及时剪去残花及过密枝。驱蚊草是一种抗性极强的植物，病虫害少。

108. 如何栽培和养护三色堇？

（1）基本介绍

三色堇（*Viola tricolor* L.），别名三色堇菜、猫儿脸、蝴蝶花、人面花、猫脸花、阳蝶花、鬼脸花，为堇菜科堇菜属二年生花卉。三色堇是优良园林花坛花卉，早春开花时花色艳丽，品种多，花色丰富，常用于花坛上，还适宜布置花境、草坪边缘，也可盆栽或布置阳台、窗台、台阶或点缀居室。

（2）栽培和养护技术

三色堇喜凉爽、忌高温、怕严寒，在12～18℃的温度生长良好，可耐0℃低温，忌高温多湿，日照长短对开花影响较大，日照不良则开花不佳。

三色堇的繁殖方法以播种为主。

播种时将种子均匀撒播在细土中，保持湿润，约15d后发芽。小苗必须经1—2月的低温环境才能顺利开花，当小苗长出2～3片真叶时，应逐渐增加日照，使其生长更为茁壮。生长期保持土壤湿润，植株开花时，保持充足的水分对花朵的增大和花量的增多都是必要的，在气温较高、光照强的季节要注意及时浇水。宜薄肥勤施，当真叶长出 2 片后，可开始施以氮肥，临近花期可增加磷肥，生长期每 10～15d 追施 1 次腐熟液肥，生育期每 20～30d 追肥 1 次。

三色堇常见的病虫害有灰霉病、炭疽病、碎色病、轮纹病、褐斑病、曲顶病、腐烂病、锈病、立枯病、螨、红蜘蛛、蚜虫、金龟子、线虫、蜗牛、蛞蝓等。

109. 如何栽培和养护一串红?

（1）基本介绍

一串红（*Salvia splendens* Ker-Gawl.），别名映山红、山石榴，为唇形科鼠尾草属多年生作一年生栽培的花卉。一串红是优良园林花坛花卉，花朵繁密，花色红艳，多作花坛的主体材料，也可植于带状花坛或自然式片植于林缘，是国庆节期间重要的园林花卉之一。

（2）栽培和养护技术

一串红喜光，喜温暖环境，不耐寒，忌高温及积水。土壤以疏松、肥沃、微酸性、排水良好的沙壤土为宜。

一串红以播种繁殖为主。一般于 3—6 月播种，种子较大。发芽适合的温度为 21～23℃，播后 15d 发芽。另外，一串红为喜光性种子，播种后不用覆土，可将轻质蛭石放于种子周围，既不影响透光，又起到了保湿作用。

盆栽一串红时盆内要施足基肥，生长旺期开始追肥，每月 2 次，可使花开茂盛，延长花期。为了防止徒长，要控制浇水、勤松土并进行追肥。

一串红常见的病虫害有花叶病、疫霉病、青枯病、红蜘蛛、蚜等。

110. 如何栽培和养护多肉植物？

（1）基本介绍

多肉植物是指植物的根、茎、叶三种营养器官中至少有一种是肥厚多汁并且具备储藏大量水分功能的植物。其至少具有一种肉质组织，这种组织是一种活组织，除其他功能外，它能储藏可利用的水，在土壤含水状况恶化、植物根系不能再从土壤中吸收和提供必要的水分时，它能使植物暂时脱离外界水分供应而独立生存。目前据粗略统计，全世界共有多肉植物1万余种，在分类上隶属100余科，如仙人掌科、番杏科、景天科、大戟科、夹竹桃科、独尾草科、天门冬科等。

多肉植物种类多，品种丰富，形式多样，主要用于辅助主景或专类展示。这类植物种类较多，株形奇特，个体相对较小，造景时宜于归类集中，以专类园形式，也可作盆栽单独或组合观赏。

（2）栽培和养护技术

多肉植物的繁殖比较容易，因为其分生组织发达。常用的方法有嫁接、扦插、播种、根插、分株、叶插、截取生长点。其中播种繁殖在番杏科中较为普遍；叶插在景天科的繁殖中效率最高，被多数人采用；截取生长点对于瓦苇属的多肉植物最适宜；而嫁接繁殖在仙人掌科中应用最多。

多肉植物现在深受人们喜爱，栽培养护也比较简单。家庭栽培最常用的配土方法是采用泥炭土和珍珠岩（1∶1）配合。栽培时充足但适度的日照可以使多肉植物变得健壮，株形更紧凑，颜色更鲜艳，状态更健康且不易被真菌感染，染上虫害的可能性也会更小，特别是在春秋这两个生长季节，要尽可能增加日照时间。多肉植物分冬、夏型种，冬型种冬、春、秋季生长，夏季休眠，而夏型种夏天生长，冬天休眠。日照时间和浇水频率都要依休眠情况而定，一般休眠时，日照不能过强，浇水频率要稍微降低。浇水时要控制好，做到见干见湿。

在家庭养护中，多肉植物的生长并没有如预期一样好，栽培养护多肉植物时存在误区。首先，人们都知道多肉植物耐旱，因此一般都不浇水或极少浇水，然而，耐旱并不代表喜欢干旱，耐旱都有一个度，当多肉植物缺少水时，植物生长会停止，从而发育不良。而且，部分多肉植物不适合受阳光直射，阳光过强，多肉植物容易受到灼伤，因此，在养护这类多肉植物时也要适当庇荫，适度浇水。

多肉植物常见的病虫害有真菌性腐烂、黑腐病、红蜘蛛、根粉介虫、玄灰蝶等。

111. 如何栽培和养护鸟巢蕨？

（1）基本介绍

鸟巢蕨（*Neottopteris nidus*（L.）J. Sm.），别名巢蕨、山苏花、王冠蕨，为铁角蕨科巢蕨属多年生阴生草本观叶植物。鸟巢蕨是一种附生的蕨类植物，是优良较大型的阴生观叶植物，盆栽用于室内装饰。

（2）栽培和养护技术

鸟巢蕨喜温暖、潮湿和较强散射光的半阴条件。在高温高湿的条件下终年可生长，不耐寒。鸟巢蕨是附生型蕨类，栽培时不需要用土壤，而要用蕨根、树皮块、苔藓等作为基质。

鸟巢蕨繁殖一般用分株法。春夏两季的生长期应多浇水并向叶面喷水，保持空气湿度，但不可积水。盆栽基质可以是以腐叶土或泥炭土、蛭石等为主并掺入少量河沙，也可用蕨根、碎树皮、苔藓或碎砖粒加少量腐殖土拌匀混合而成。在有条件的场所，最好用多孔花盆或多孔塑料筐作容器，盆底垫入 1/3 的碎砖粒，上面可加入蕨根、树皮块、苔藓、腐叶土等，然后再将鸟巢蕨的根部栽入其中，这样长势会更加旺盛。盆栽鸟巢蕨可每 2 年换盆 1 次。鸟巢蕨在生长季每 2 周施腐熟液肥 1 次，以保证植株生长。

鸟巢蕨常见的病虫害有炭疽病、线虫等。

112. 如何栽培和养护铁线蕨？

（1）基本介绍

铁线蕨（*Adiantum capillus-veneris* L.），别名铁丝草、少女的发丝、铁线草、水猪毛土，为铁线蕨科铁线蕨属多年生草本。铁线蕨是一种蕨类植物，是优良中小型的阴生观叶植物，盆栽用于室内装饰，适合室内常年盆栽观赏，也是良好的切叶材料及干花材料。

（2）栽培和养护技术

铁线蕨喜明亮的散射光，喜温暖环境，土壤以疏松、肥沃、含石灰质的沙壤土为宜。

铁线蕨一般以分株繁殖为主，也可采用孢子繁殖。

铁线蕨喜湿润的环境，在生长旺季要充分浇水，除保持盆土湿润外，还要注意有较高的空气湿度，空气干燥时向植株周围洒水。特别是夏季，每天要浇1～2次水，如果缺水就会引起叶片萎缩。每个月施复合肥1次，也可施钙肥，生长快。施肥时，肥液切忌玷污叶面。每年春季换盆，盆土用腐叶土加入少量砖屑和木灰粉配制。盛夏避开强光暴晒，以免引起叶缘焦枯，冬季移至室内养护。

铁线蕨易患生理性黄叶病，使用适量的硫酸亚铁即可防治。

113. 如何栽培和养护大花铁线莲？

（1）基本介绍

大花铁线莲（*Clematis patens* Morr. et Decne.），别名转子莲，为毛茛科铁线莲属多年生草质藤本花卉。大花铁线莲是优良庭院花卉和垂直绿化植物，品种多，花色丰富，花期长，有"藤本皇后"之称，可用于篱栅、凉亭，亦可盆栽观赏。

（2）栽培和养护技术

大花铁线莲耐寒、耐旱，喜半阴，忌酷热。在排水良好的肥沃土壤中生长良好，适应性强。铁线莲多采用播种繁殖，一般采用春播。

大花铁线莲在庭院中栽培应注意适当修剪和牵引，使其开枝散叶，布满整个地被或藤架。平时加强肥水管理，花后若不留种，应及时剪去残花。

大花铁线莲生性强健，病虫害少。

114. 如何栽培和养护矾根？

（1）基本介绍

矾根（*Heuchera micrantha*），别名珊瑚铃，虎耳草科矾根属，多年生耐寒草本花卉。矾根品种多，叶色丰富，园林中多用于花境、花坛、花带、地被、庭院绿化等，是少有的彩叶阴生植物地被，是庭院绿化优良材料，是理想的宿根花境材料，也可盆栽观赏。

（2）栽培和养护技术

矾根喜光、耐寒、耐半阴，在肥沃、排水良好、富含腐殖质的土壤中生长良好，喜中性偏酸、疏松肥沃的壤土。

矾根常用播种、扦插或分株繁殖，由于种子小，播种时无须覆土。

矾根在栽培过程中，更喜欢半遮阴、较为冷凉的环境，应避免强烈阳光直晒，避免晒伤，定植在排水性好的土壤中并加入缓释肥，在生育期间适当施肥。因不喜欢太潮湿，所以夏天可以适当控制浇水。适宜矾根生长的 pH 为 $5.8 \sim 6.2$，EC 值（可溶性离子浓度）为 $2 \sim 3.5 \mathrm{mS/cm}$。每次对矾根浇水要彻底，再次浇水时应等基质彻底干透后才可进行。这样做可以保证植物的正常生长，降低植物感染病菌的概率。在水肥管理上，遵循见干见湿的原则，每隔 15d 追肥 1 次。

矾根常见的病虫害有镰刀菌、腐霉菌、葡萄孢菌等。可用恶腐灵灌根 $2 \sim 3$ 次，严重时去除染病植株。

第二章　花卉栽培与养护技术

115. 如何栽培和养护袖珍椰子？

（1）基本介绍

袖珍椰子（*Chamaedorea elegans* Mart.）别名秀丽竹节椰、袖珍竹、矮生椰子、矮棕、客厅棕、幸福棕、袖珍椰子葵、袖珍棕，为棕榈科竹棕属常绿小灌木。袖珍椰子植株小巧玲珑，株形优美，姿态秀雅，叶色浓绿光亮，叶片平展，成龄株如伞形，端庄凝重，古朴隽秀，叶片潇洒，玉润晶莹，给人以真诚纯朴、生机盎然之感，具有很高的观赏价值，是优良的室内小型观叶植物。

（2）栽培和养护技术

袖珍椰子喜温暖湿润、光照充足的环境，在平时养护管理中，盆土应以疏松、肥沃、排水良好的腐熟土为宜。

袖珍椰子可采用播种、分株等方法进行繁殖。

袖珍椰子喜半阴，在强烈阳光下叶色会枯黄，但如果长期放置在光照不足之处，植株会变得瘦长，所以在室内最好放在窗边明亮处。喜温暖，喜水，喜高的空气湿度，平时放置于通风良好、光照充足但阳光不直射的地方，创造湿润的小气候环境。幼苗期不宜多浇水施肥，生长旺盛期应多施肥，在生长期每个月可向植株施1次复合肥。

袖珍椰子常见的病虫害有黄叶病、黑斑病、介虫等。

116. 如何栽培和养护鱼尾葵？

（1）基本介绍

鱼尾葵（*Caryota ochlandra* Hance），别名假桃榔、青棕、钝叶、假桃榔，为棕榈科鱼尾葵属常绿乔木。鱼尾葵树姿优美潇洒，叶片翠绿，叶形奇特，有不规则的齿状缺刻，酷似鱼尾，富含热带情调，是优良的室内大型盆栽树种，适合于布置客厅、会场、餐厅等处，羽叶可剪作切花配叶。

（2）栽培和养护技术

鱼尾葵喜高温、湿润、半阴的环境，不耐寒，要求土壤排水良好。

鱼尾葵可用种子繁殖和分株繁殖。

鱼尾葵实生苗生长缓慢，以二、三年生，株高1～2m时上盆栽植效果最好，在幼苗成长过程中，应及时上盆、换盆。水肥管理方面，夏季应增加浇水量，使其保持湿润，其他时间做到干透浇透；加少量腐熟饼肥作基肥，生长期每15d施追肥1次，立秋后停止施肥；在干旱的环境中叶面粗糙并失去光泽，生长期每2d浇水1次，夏季应每天浇水并向叶面喷水。鱼尾葵生长较快，根系发达，应每年早春换盆1次，换盆时切除部分老根，剪除植株基部的枯黄老叶，更换一些新的培养土，有利于生长。

鱼尾葵常见的病虫害有霜霉病、介虫等。

117. 如何栽培和养护散尾葵？

（1）基本介绍

散尾葵（*Chrysalidocarpus lutescens* H. Wendl.），别名黄椰子、紫葵，为棕榈科散尾葵属丛生常绿灌木或小乔木。散尾葵是小型的棕榈植物，耐阴性强，在热带地区的庭院中，多作为观赏树栽种于草地、树荫、宅旁，是装饰室内的高档盆栽观叶植物。

（2）栽培和养护技术

散尾葵为热带植物，喜温暖、潮湿、半阴环境，越冬最低温度需在10℃以上，5℃左右就会冻死，适宜疏松、排水良好、肥沃的土壤。散尾葵可用播种和分株繁殖，一般盆栽多采用分株繁殖。

散尾葵可用分株法进行繁殖，分栽后放置在较高温度的环境中，经常喷水以利于恢复生长。生长期注意及时浇水，保持盆土湿润，夏季生长旺盛时1d要浇2次水，还应常向叶面、地面喷水以增加空气湿度。深秋及阴天控制浇水。旺盛生长的5—6月每1～2周施肥1次，肥料以迟效性复合肥为好，深秋后停止施肥。

散尾葵常见的病虫害有叶枯病、柑橘并盾蚧等。

118. 如何栽培和养护美丽针葵？

（1）基本介绍

美丽针葵（*Phoenix loureirii* O. Brien），别名软叶刺葵、江边刺葵，为棕榈科刺葵属常绿灌木或小乔木。美丽针葵枝叶拱垂似伞形，叶片分布均匀且青翠亮泽，是优良的盆栽观叶植物，可用来装饰室内环境。

（2）栽培和养护技术

美丽针葵喜高温、湿润、半阴的环境，不耐寒，要求土壤排水良好。美丽针葵多用播种进行繁殖。

美丽针葵适应性较强，栽培养护皆较简单。生长期间，盛夏6—9月光照强烈时应予遮阴，保持60%的透光率，其他季节应给予充足的光照。土壤要见干见湿，生长旺盛期要保持土壤湿润，气候干燥时，每日要向植株喷水1～2次以增加环境空气湿度。它虽耐瘠薄，但若肥料充足则生长旺盛，枝叶青翠喜人。在5—9月，每月施2次粪肥或以氮为主的复合肥。入冬移入室内后，只需保持5℃以上就可安全越冬。盆土不宜太湿，但周围环境却要适当喷水，保证一定的空气湿度。美丽针葵病虫害较少。

119. 如何栽培和养护非洲茉莉？

（1）基本介绍

非洲茉莉（*Fagraea ceilanica*），别名华灰莉木、箐黄果、鲤鱼胆、灰刺木、小黄果，为马钱科灰莉属蔓性藤本观叶植物。非洲茉莉株形丰满，有碧绿青翠的革质叶，是重要的室内观叶植物，花大形美，芳香，枝叶深绿色，它被作为南方庭园观赏植物。

（2）栽培和养护技术

非洲茉莉喜温暖，好阳光，但忌阳光直射，喜疏松肥沃、排水良好的土壤。

非洲茉莉一般采用扦插、压条、分株的繁殖方法。

非洲茉莉春秋两季可接受全光照，夏季则要求搭棚遮阴或将其搬放于大树浓荫下。无论地栽或盆栽，都要求水分充足，但根部不得积水，否则容易烂根。盆栽植株在生长季节每月追施1次稀薄的腐熟饼肥水，5月开花前追1次磷钾肥以促进植株开花；秋后再补充追施1～2次磷钾肥以平安过冬。

非洲茉莉常见的病虫害有炭疽病、短额负蝗等。

120. 如何栽培和养护澳洲杉？

（1）基本介绍

澳洲杉（*Araucaria heterophylla*（Salisb.）Franco），别名异叶南洋杉、诺和克南洋杉、细叶南洋杉，为南洋杉科南洋杉属常绿乔木。其叶形奇特，姿态优美，适宜庭园配置和盆栽观赏，在江浙一带多作室内观叶盆栽，是重要的室内植物。

（2）栽培和养护技术

澳洲杉喜温暖湿润、阳光充足的环境，不耐干旱，适合排水良好的微酸性土壤。

澳洲杉可用播种和扦插方式进行繁殖。

澳洲杉在江浙一带多作盆栽，在栽培管理上，以园土、腐叶土、泥炭苔混合配制而成的基质为好，宜在其盆底垫几块碎石，以利于排水的通畅。在春到秋季间应多浇水，但忌盆内积水。高温干燥时，要对盆株及附近的地面喷水，以降温增湿。浇水要及时，不要待土壤干燥后再浇水。自秋末以后，逐渐减少浇水以增强其抗寒力。生长季节应每隔2周追施1次肥料，以含氮、钾的复合肥为宜，供肥不足，易使枝叶泛黄。入冬时，均应移入室内保暖，室温在5℃左右就能安全越冬。夏秋季为生长期，盆栽的既可放置外半阴处，亦可摆在窗口有光照的通风处管养。忌35℃以上的烈日暴晒，亦不宜久放于无光照的庇荫处，这样都会造成枝叶枯黄或徒长，影响观赏价值。

第二章 花卉栽培与养护技术

在一般情况下，澳洲杉病虫害极少，在室内养护时，偶见介虫危害。

121. 如何栽培和养护酒瓶椰？

（1）基本介绍

酒瓶椰（*Hyophore lagenicaulis*（L. H. Bailey）H. E. Moore），别名匏茎亥佛棕，为棕榈科酒瓶椰属常绿乔木。酒瓶椰叶形潇洒，姿态优美，主干奇特，其形似酒瓶，非常美观，是一种珍贵的观赏棕榈植物，非常适宜庭院配置和盆栽观赏，在江浙一带多作室内观叶盆栽，是重要室内观叶植物。

（2）栽培和养护技术

酒瓶椰是典型的热带棕榈植物，喜高温、湿润、阳光充足的环境，怕寒冷，耐盐碱，生长慢，冬季需在 10℃ 以上越冬。

酒瓶椰以种子繁殖为主，需即采即播。种子发芽适温为 25～28℃，播后 45～60d 才能发芽。

酒瓶椰生长慢，怕移栽，故播种宜用营养袋或透气性良好的花盆，栽培土质要求富含腐殖质的壤土或沙壤土，排水需良好。栽后需遮阴保湿直到新根生长后才能转入全日照正常管理，夏秋两季生长旺盛期间，需保持土壤湿润。生长期间需定期追肥，可每月 1 次，秋末增施 1 次钾肥，提高耐寒力。酒瓶椰喜湿怕涝，梅雨季节易发生红叶螨危害。但若土壤太干，叶尖易枯焦，观赏价值降低。

122. 如何栽培和养护福禄桐？

（1）基本介绍

福禄桐（*Polyscias balfouriana* Bailey），别名圆叶南洋森、圆叶南洋参，为五加科南洋森属常绿灌木。福禄桐茎干挺拔，叶片鲜亮多变，主供盆栽、庭院树及绿篱，在江浙一带是较为流行的观叶植物。

（2）栽培和养护技术

福禄桐性喜高温环境，不甚耐寒；要求有明亮的光照，但也较耐阴，忌阳光暴晒；喜湿润，也较耐旱，但忌水湿。

福禄桐可采用扦插或压条繁殖，以扦插为主，可在生长季取一、二年生枝条，长 10cm 左右，去除枝条下部叶片，插于湿沙中，保持 25℃ 及较高空气湿度，4～6 周后可生根盆栽。也可高位压条繁殖，5—6 月选一、二年生枝条环状剥皮，宽 1cm 左右，用泥炭和薄膜包扎，50～60d 后生根。

福禄桐多盆栽，生长适温为 15～30℃，其中 4—10 月可保持在 20～30℃，10 月至翌年 4 月保持在 13～20℃。盆栽植株每年春季换盆，更换新土，如地上植株略高，可适当修剪矮化株形，选盆宜小，以控制株体过大。生长期始终保持盆土湿润，勿过干或过湿，经常喷水则叶片生长良好。每半月施肥 1 次，注意氮肥不可过量，可增施磷、钾肥。盛夏季节适当遮阴，忌强光暴晒，以避免叶片枯黄。冬季将盆置于室内，注意保温，盆土适当干燥，有利于植株安全越冬。

福禄桐常见的病虫害有炭疽病、介虫等。

123. 如何栽培和养护菜豆树？

（1）基本介绍

菜豆树（*Radermachera sinica*（Hance）Hemsl.），别名蛇树、豆角树、接骨凉伞、牛尾树、幸福树，为紫葳科菜豆树属常 绿小乔木。菜豆树是中小型盆栽，可摆放在阳台、卧室、门厅等处，成熟的菜豆树叶子茂密青翠，充满活力朝气，可以作为生旺的吉祥植物，为人们带来幸福的寄意，在江浙一带多作室内观叶盆栽，是重要室内植物。

（2）栽培和养护技术

菜豆树原产于中国南部的热带及亚热带地区，性喜高温多湿、阳光充足的环境，耐高温，畏寒冷，宜湿润，忌干燥。

菜豆树栽培宜用疏松肥沃、排水良好、富含有机质的沙壤土。菜豆树喜暖热环境，生长适温白天为 20～21℃，晚上为 18～19℃，在盛夏时也要尽量将温度控制在27℃以下。当环境温度很高时，要适当给予搭棚遮阴，增加环境和叶面湿度；越冬期间最好能维持不低于8℃的棚室温度，最低不得低于5℃，以免出现冻害、伤叶或落叶。

菜豆树为喜光植物，也稍能耐阴，全日照、半阴环境均可。夏季要搭棚适当遮光，盆栽植株在室内摆放时最好摆放在光照充足的窗前或阳台上，如果长时间将其放在光线暗淡的室内，易造成落叶，家庭盆栽时越冬期间可将其摆放于窗前或阳台前较高的部位，让其多接受光照。菜豆树喜欢比较湿润的土壤和栽培环境，空气湿度一般要保持在70%～80%，最高不要超过85%。如果于家庭中摆放，可经常用稍温的清水喷洒植株，以维持其清秀的外貌，同时也可增加环境湿度。

盆栽菜豆树，除要求在培养土中加入适量的腐熟饼肥和3%的多元复合肥外，还应不间断地给予追肥。生长季节可每月浇施1次速效液肥，通常可用腐熟的饼肥水。家庭少量盆栽或对长时间作公共场所陈列的大型盆株，可定期埋施少量多元缓释复合肥颗粒，也可用0.2%的尿素加0.1%的磷酸二氢钾混合液浇施。

菜豆树常见的病虫害有叶斑病、介虫、螨虫、蚜虫等。

124. 如何栽培和养护幌伞枫？

(1) 基本介绍

幌伞枫（*Heteropanax fragrans* (Roxb.) Seem.），别名罗伞枫、大蛇药、五加通，为五加科幌伞枫属常绿乔木。幌伞枫树冠圆整，形如罗伞，羽叶巨大、奇特，为优美的观赏树种，大树可供庭荫树及行道树，幼年植株也可盆栽观赏，在江浙一带多作中大型室内观叶盆栽，是重要的室内植物。

(2) 栽培和养护技术

幌伞枫喜光，喜温暖湿润的气候，亦耐阴，不耐寒，能耐5～6℃低温及轻霜，不耐0℃以下低温，较耐干旱、贫瘠，但在肥沃和湿润的土壤上生长更佳。

幌伞枫用播种和扦插繁殖，以播种繁殖为主。

幌伞枫在北回归线以南的热带地区可露地安全越冬；在华南北部，选择背风向阳环境可露地栽培，在寒冷年份需防护越冬；其余绝大部分地区均只宜盆栽，置于室内防寒越冬。地植宜挖大穴换客土，施腐熟垃圾或禽畜粪作基肥，种植以后一般可不再施肥。要求生长环境的空气相对湿度在 50%～70%，空气相对湿度过低时下部叶片黄化、脱落，上部叶片无光泽。由于它原产于亚热带地区，因此对冬季的温度的要求很严，当环境温度在 8℃ 以下停止生长。

幌伞枫对光线的适应能力较强。放在室内养护时，尽量放在有明亮光线的地方，如采光良好的客厅、卧室、书房等场所。对于盆栽的植株，除了在上盆时添加有机肥料外，在平时的养护过程中，还要进行适当的肥水管理，春、夏、秋这三个季节是它的生长旺季。在冬季休眠期，主要是做好控肥控水工作。

125. 如何栽培和养护福建茶？

(1) 基本介绍

福建茶（*Carmona microphylla*（Lam.）G. Don），别名基及树、猫仔树，为紫草科基及树属常绿灌木。福建茶树形矮小，枝条密集，风姿奇特且花期长，春花夏果，夏花秋果，形成绿叶白花、绿果红果相映衬，枝繁叶茂，株形紧凑，此树适宜在园林绿地中种植观赏，也是绿篱或盆栽制作盆景的好材料，在江浙一带多作室内观叶盆栽。

(2) 栽培和养护技术

福建茶较耐阴，性喜温暖湿润的气候，不耐寒，适生于疏松、肥沃及排水良好的微酸性土壤，萌芽力强，耐修剪。

福建茶多采用扦插繁殖，极易成活。

福建茶栽植时多用腐殖质丰富的塘泥，经风吹晒干后再拌入适量的沙土，以增加其透水性。其管理较粗放，初夏种植，每隔 2～3 年翻盆 1 次。家庭盆栽一般需搁放于通风透光、空气湿润的场所。冬季须置于棚室内，维持不低于 8℃ 的室温，如果室温低于 5℃，易造成大量落叶。

夏季应将其搁放于半阴的凉爽处，也可置于树荫下，切不可长时间处于烈日暴晒之下。生长季节要有充足的水分供应，勿让盆土发干，当气温超过30℃时，还要经常给叶面及花盆四周喷水。每年春末出房后，可每月追施1次稀薄的饼肥水，秋末冬初停施氮肥，可追施1~2次0.2%的磷酸二氢钾溶液，增加植株的抗寒性。

福建茶盆景一般宜每2年进行1次翻盆换土，时间以出房后尚未萌发前最为合适。福建茶生长旺盛，在生长季节应每月进行1次修剪，剪去影响美观的多余枝条，对新萌发的嫩梢也应做适当的缩剪。搁放于通风不良处的福建茶，易发生蚜虫危害。

126. 如何栽培和养护绿萝？

（1）基本介绍

绿萝（*Epipremnum aureum*），别名魔鬼藤、黄金葛、黄金藤、桑叶，为天南星科麒麟叶属多年生观叶植物。绿萝缠绕性强，气根发达，叶色斑斓，四季常绿，长枝披垂，是优良的观叶植物，既可攀附于用棕扎成的圆柱、树干上，摆于门厅、宾馆，也可培养成悬垂状置于书房、窗台、墙面、墙垣，还可用于林荫下做地被植物。绿萝能吸收空气中的苯、三氯乙烯、甲醛等，适合摆放在新装修好的居室中，是一种较适合室内摆放的花卉。常见室内盆栽的有红宝石绿萝、白蝴蝶、绿宝石绿萝、琴叶蔓绿萝等。

（2）栽培和养护技术

绿萝属阴性植物，喜湿热的环境，忌阳光直射，喜阴，喜富含腐殖质、疏松肥沃、微酸性的土壤，越冬温度不应低于15℃。

绿萝以扦插繁殖为主，茎节极易生根，将其在20~25℃条件下插于沙土中或水中，3周后可生根。

绿萝的盆栽比较简单，在室内养护时，不管是盆栽还是水培都可以良好地生长，通常将3~4株幼株栽种在直径25~35cm的花盆中，保持半阴、高温环境，叶面及棕柱常喷水，气生根扎在柱丝中固定；也有做吊盆悬垂的，叶片会变小。在生长季应充分浇水施肥，如施肥不足则叶片发黄，但施肥过多，茎易徒长，破坏株形。在盛夏避免直射光并经常向叶面喷水。秋季勿浇水过多，否则极易烂根。冬季室内养护时如光照不足，叶片易徒长，叶片斑纹减少；温度过低，植株易受冻，但只要基部未出现水浸状，次年可恢复生长，切去茎干基部，下部叶芽迅速萌发。

绿萝常见的病虫害有炭疽病、根腐病、叶斑病等。

127. 如何栽培和养护再力花？

（1）基本介绍

再力花（*Thalia dealbata* Fraser），别名水竹芋、水莲蕉、塔利亚，为竹芋科再力花属多年生挺水草本植物，是优良园林水生花卉。再力花春夏开花时紫花挺立，其叶、花有很高的观赏价值，植株翠绿，花期长，花和花茎形态优雅飘逸，是水景绿化中的上品花卉。除供观赏外，再力花还有净化水质的作用，常成片种植于水池或湿地，也可盆栽观赏或种植于庭院水体景观中，还可作切花素材。

（2）栽培和养护技术

再力花喜温暖和光照充足，喜富含有机质的土壤，对土壤适应性强，耐微碱性土壤，可在水边的湿地上生长。

再力花可采用分株或播种繁殖，以分株繁殖为主，分株宜在春季进行。

再力花对土壤适应性较强，栽培管理粗放，在黏土或沙壤土中均能生长，对土壤的肥力也要求不高，最好能选择肥沃、疏松、有机质含量丰富的土壤进行栽培。露地春季分株后，由于气温较低，一般要求保持较浅水位或只保持泥土湿润即可，其目的主要是提高土壤温度，以利于萌芽。再力花在生长季节吸收和消耗营养物质多，除了栽植地施足基肥外，追肥是很重要的一项工作，施肥原则是薄肥勤施。灌水要掌握"浅—深—浅"的原则，即春季浅、夏季深、秋季浅，以利于植物生长。再力花植株被蜡质，抗性较强，一般病虫害很少发生。

128. 如何栽培和养护香菇草？

（1）基本介绍

香菇草（*Hydrocotyle vulgaris*），别名南美天胡荽、金钱莲、水金钱、铜钱草，为伞形科天胡荽属多年生常绿湿地植物。香菇草是优良冬绿湿地植物，生长迅速，成形较快，常在水体岸边丛植、片植，是庭院水景造景的好材料，可用于室内水体绿化或水族箱前景栽培，也可作盆栽观赏。

（2）栽培和养护技术

香菇草适应性强，喜光照充足的环境，如环境荫蔽，则植株生长不良，性喜温暖，怕寒冷，在 10～25℃ 的温度生长良好，耐阴、耐湿、稍耐旱。

香菇草多利用匍匐茎扦插繁殖，多在每年 3—5 月进行，易成活。也可以播种繁殖。

香菇草栽培容易，如种于壤土肥沃的水池中即可生长良好，栽培以潮湿的环境为佳，适于水盘、水族箱、水池或湿地中。盆栽时喜欢经常湿润的盆土，如要使用盆栽或吊盆栽培，最好能长期保水，于盆中或容器中栽培，则需少量施肥。栽培和家养时浇水应及时，浇水不及时会让叶子变黄、干枯、偏小、无光。如果叶子有枯黄现象，要及时用剪刀剪去变黄的叶子，保持美观。在夏季，要时常给叶面喷水，保持适宜的湿度和叶面整洁。香菇草病虫害少。

129. 如何栽培和养护菲白竹？

（1）基本介绍

菲白竹（*Sasa fortunei* (Van Houtte) Fiori），为禾本科赤竹属常绿地被竹种。菲白竹是优良园林地被竹，为世界上最小的竹子之一，矮小丛生，株形优美，叶片绿色间有黄色至淡黄色的纵条纹，具有很高的观赏价值和饲用价值，可用于地被、小型盆栽或配置在假山、大型山水盆景间，是地被中的优良植物，也可作盆栽或盆景。

（2）栽培和养护技术

菲白竹喜温暖湿润的气候，好肥，较耐寒，忌烈日，宜半阴，喜肥沃、疏松、排水良好的沙壤土。该竹具有很强的耐阴性，可以在林下生长。

菲白竹多采用分株繁殖。

菲白竹因其植株小巧，根系分布浅，日常养护要求小心管理，操作精细。在2—3月将成丛母株连地下茎带土移植，母株根系浅，有时带土有困难，应随挖随栽。生长季移植则必须带土，否则不易成活，栽后要浇透水并移至阴湿处养护一段时间。在6—9月要注意避免烈日直射，否则强烈的光照会使土壤表层干得过快且温度过高，从而导致焦叶，严重的甚至导致死亡。浇水不要太多，以经常保持湿润又不太湿为度。在4—5月出笋前后，水分应充足些，并施饼肥水1～2次以促进新株健壮发育，夏季气候炎热不宜施肥，秋凉后再施2次肥。入冬后，气温降至3～5℃时即应连盆移入室内，室温不低于−3℃即可安全越冬。盆栽菲白竹，每2～3年换盆1次。修剪地下根茎和多年老竹，栽后多喷水和遮阳，以利于其恢复。生长期每月施肥1次并增加1～2次磷钾肥，有利于叶面斑纹更清晰。如枝叶生长过高可重剪，以促使萌发更多新枝叶。菲白竹病虫害少。

130. 如何栽培和养护天竺葵？

（1）基本介绍

天竺葵（*Pelargonium hortorum* Bailey），别名洋绣球、入腊红、日烂红、洋葵、驱蚊草、洋蝴蝶，为牻牛儿苗科天竺葵属多年生亚灌木花卉。天竺葵是优良园林花卉，春夏开花时花繁叶茂，花色丰富，花期长，可应用于园林花坛、花境，也可作盆栽。常见栽培的有蔓生天竺葵、香叶天竺葵、蹄纹天竺葵和家天竺葵等。

（2）栽培和养护技术

天竺葵性喜冬暖夏凉，喜燥恶湿，冬季浇水不宜过多，喜光，不喜大肥，肥料过多会使天竺葵生长过旺，不利于开花。

天竺葵可用播种或扦插繁殖。

天竺葵栽培适宜的温度是 16～20℃。在夏季栽培时防止阳光暴晒，畏高温，应放在通风、凉爽的地方；在冬季室内温度不要低于 0℃，否则就会冻伤，可放在室内朝南窗口向阳处。天竺葵稍耐干燥，不耐涝，忌浇水过多，水分过多会引起茎叶徒长影响开花，易造成根部溃烂，特别是在室外养护时，夏季若遇久雨不晴，要侧盆倒水，最忌盆中积水。

每年立春、立夏、秋分至少各施 1 次追肥，缺肥会导致天竺葵不能很好地开花，但施肥不宜过多，以免茎叶徒长，在春秋季节，一般 10d 施 1 次追肥。花蕾形成至开花期可以 7d 追肥 1 次，促使花大色艳。家庭养花时，为使植株冠形丰满紧凑，应从小苗开始进行整形修枝，一般苗高 10cm 时摘心以促发新枝，待新枝长出后还要摘心 1～2 次，直到形成满意的株形。花谢后，需对植株进行修剪短截，此项工作在夏末秋初结合翻盆换土时进行更好。经花后修剪又生发新枝新叶，叶腋中又生发新花，自当年 10 月至翌年 6 月陆续开花不断。天竺葵病虫害较少。

131. 如何栽培和养护吊兰？

(1) 基本介绍

吊兰（*Chlorophytum comosum*（Thunb.）Baker），别名垂盆草、挂兰、钓兰、兰草、折鹤兰、空气卫士、蜘蛛草、飞机草，为百合科吊兰属多年生常绿草本植物。吊兰枝条细长下垂，从叶腋中抽生出小植株，由盆沿向下垂，舒展散垂似花朵，四季常绿，夏季或其他季节温度高时开小白花，花集中于垂下来的枝条的末端，花蕊呈黄色，内部小嫩叶有时呈紫色，可供园林绿化或盆栽观赏。常见栽培的有金边吊兰、银边吊兰、金心吊兰等。

(2) 栽培和养护技术

吊兰喜温暖湿润、半阴的环境，适应性强，较耐旱，不甚耐寒；不择土壤，在排水良好、疏松肥沃的沙壤土中生长较佳；对光线的要求不严，一般适宜在中等光线条件下生长，亦耐弱光；生长适温为 15～25℃，越冬温度为 5℃。

吊兰可采用扦插、分株、播种等方法进行繁殖。

吊兰对各种土壤的适应能力强，栽培容易。可用肥沃的沙壤土、腐殖土、泥炭土或细沙土加少量基肥作盆栽用土，栽进盆时盆土要保持湿润但不能积水，冬天要防冻而多晒太阳，夏天要放遮阳处，每天早晚 2 次对它喷水以满足它对环境湿润的要求，生长季节每 2 周施 1 次液体肥。花叶品种应少施氮肥，否则叶片上的白色或黄色斑纹会变得不明显。环境温度低于 4℃时停止施肥。

吊兰病虫害较少，常见的病虫害有根腐病、介虫等。

132. 如何栽培和养护棕竹？

(1) 基本介绍

棕竹 (*Rhapis excelsa* (Thunb.) Henry ex Rehd.)，别名观音竹、筋头竹、棕榈竹、矮棕竹，为棕榈科棕竹属丛生植物。棕竹丛生挺拔，枝叶繁茂，姿态潇洒，叶形秀丽，四季青翠，似竹非竹，美观清雅，富有热带风光，为目前家庭栽培广泛的室内观叶植物。它在南方地区可丛植于庭院中或假山旁，构成一幅热带山林的自然景观；在北方地区多作盆栽，供室内观赏。棕竹也可做成盆景。

(2) 栽培与养护技术

棕竹可用播种和分株繁殖，家庭种植多以分株繁殖为主。棕竹常见的有大叶和小叶之分：大叶的略粗，叶片大且厚，又名筋头棕竹；小叶的秆细，叶片小而薄，即棕竹。

棕竹喜温暖湿润及通风良好的半阴环境，不耐积水，极耐阴，畏烈日，稍耐寒，可耐 0℃左右低温，适宜生长温度为 10～30℃，夏季炎热光照强时，应适当遮阴。作室内盆栽时要求湿润、排水良好、富含腐殖质的壤土，微酸性最合适。

棕竹株形小，生长缓慢，对水肥要求不十分严格。要求疏松肥沃的酸性土壤，不耐瘠薄和盐碱，要求较高的土壤湿度和空气温度。养好棕

第二章 花卉栽培与养护技术

竹要注意做好冬季防寒、夏日遮阳、合理施肥、适当修剪等工作。夏秋是棕竹生长的季节，需适当增加肥水管理，土壤保持湿润，但忌积水和干旱，每隔20d左右施1次腐熟饼肥水或人粪尿能促使植株生长。平时发现焦叶、枯叶，需及时修剪，盆栽棕竹小株的1年翻盆换土1次，大株2～3年翻盆1次，一般在春季出棚时进行。

棕竹常见的病虫害有炭疽病、斑叶病、腐芽病、介虫等。

133. 如何栽培和养护鹤望兰？

（1）基本介绍

鹤望兰（*Strelitzia reginae* Aiton），别名天堂鸟、极乐鸟花，为芭蕉科鹤望兰属多年生宿根花卉。鹤望兰四季常青，叶大姿美，花形奇特，是重要的切花花卉，也可盆栽或丛植于南方庭院，可作花坛、花境用花。

（2）栽培与养护技术

鹤望兰为长日照植物，喜温暖、湿润、阳光充足的环境，畏严寒，忌酷热、忌旱、忌涝，要求排水良好的疏松、肥沃、pH为6～7的沙壤土，生长期适温为20～28℃。可用播种或分株繁殖，家庭养花以分株繁殖为主。

鹤望兰具有粗大的肉质根，要求配制的培养土通透性好，否则易造成烂根。鹤望兰根系发达而又生长较快，故需及时换盆，一般幼苗期宜每年换1次盆。开花后的成株，可每隔1年换1次盆。成株换盆时宜选用深的筒子盆，因这种盆内部空间大，有利于根系向四周发育。

鹤望兰较喜肥，需要营养供应充分，生长发育期间宜每2周施1次稀薄饼肥水，在形成花茎至盛花期可在肥液中加入0.5%的过磷酸钙，这样会使花开得更艳丽。花谢后不准备留籽的应及时剪去残花梗以减少养分消耗。10月中旬以后停止施肥。北方地区10月中、下旬入室，越冬期间停止施肥，室温保持在10℃以上即能安全越冬。

在水分管理上要掌握适量，浇水多少要随季节变化、植株生长状况和土壤实际干湿程度而定。一般来说，浇水要见干见湿，夏季浇水要充足，春、夏季节还要经常向叶面上喷水和向花盆周围地面上洒水以提高空气湿度，创造凉爽环境，有利其生长发育。深秋以后要减少浇水，冬季要控制浇水，以保持盆土偏干些为好。

鹤望兰在冬、春、秋季都要给予充足的光照，若光照不足则植株生长细弱，开花不良或不开花，夏季需要注意遮阴，最好放在荫棚或树荫下培养，也可放室内通风良好又具有明亮的散射光处养护。鹤望兰喜温畏寒，生长适温 3—10 月为 18～24℃，10 月至翌年 3 月为 13～18℃，冬季不可低于 8℃，我国南方可露地栽培，长江流域以北地区在温室栽培，花芽适温为 23～25℃，花芽分化期应使温度稳定和缓慢上升。

鹤望兰常见的病虫害有褐斑病、斑枯病、根腐病、椰凹圆蚧、蜗牛、金龟子、钻心虫等。

134. 如何栽培和养护香石竹？

（1）基本介绍

香石竹（*Dianthus caryophyllus* L.），别名康乃馨、狮头石竹、麝香石竹、大花石竹，为石竹科石竹属多年生宿根花卉，花色丰富、花型多，为世界四大切花之一，是母亲节专用花。

（2）栽培与养护技术

香石竹性喜温暖、湿润，阳光充足而又通风良好的环境，既怕炎热，又不耐严寒。

香石竹可用播种、压条、扦插法繁殖，以扦插繁殖为主。

香石竹生长适温为 15～21℃，喜富含腐殖质、疏松、肥沃的微酸至中性土壤，忌湿涝与连作。香石竹不耐水湿，浇水要见干见湿，避免干旱和水涝，雨季要及时排水，防止水涝。生长期间需要不断补充肥料，这样才能生长健壮，开花良好。地栽一般每月施追肥 1 次，盆栽可每 10～15d 施 1 次稀薄液肥。夏季高温季节要遮阴降温并注意通风和防治病虫害。

切花栽培时要选择健壮的无病虫苗，施足基肥。要使香石竹多开花，开好花，及时整枝摘心是一项关键措施。要从幼苗开始进行多次摘

心，第一次摘心在苗高 15～20cm 时，有 5～6 对叶片时进行摘心，摘心后保留叶片 4～5 对；侧枝抽出后留 3～4 对叶片进行第二次摘心，以后是否再摘心视需要而定。栽培时保持每株 12～15 个分枝，孕蕾时每个分枝顶端只留 1 个花蕾，其余的侧蕾和腋芽要及时剔除。自定植后，要及时在苗床上设尼龙网以防植株倒伏和花茎弯曲，影响花朵质量，一般在 20～25cm 设第一道网、40～50cm 设第二道网。只要加强肥水管理，及时防治病虫害，就能使香石竹生长良好，株形优美，花繁色艳。

135. 如何栽培和养护金鱼草？

（1）基本介绍

金鱼草（*Antirrhinum majus* L.），别名龙头花、狮子花、龙口花、洋彩雀，为玄参科金鱼草属多年生作二年生栽培的花卉，花色丰富，花期早春，是园林中重要花坛和花境花卉，也可作盆花或切花栽培。

（2）栽培与养护技术

金鱼草多采用播种繁殖，以秋季播种为多，秋播后 7～10d 出苗，也可以用扦插繁殖。金鱼草幼苗期适宜温度为昼温 12～15℃，在两次灌水间宜稍干燥，待长出 3～4 片真叶、易于操作时进行分苗移栽。定植密度为株行距 30cm×30cm 左右。苗期摘心可促进分枝，使株形苗壮丰满，但常因此延迟花期。高性品种应架设支撑网以防止倒伏。切花栽培应随时抹去侧芽以使茎秆粗壮挺直，提高花穗质量，生长期 15d 可追液肥 1 次。

金鱼草的苗期，可能会有苗腐病，其病症为根茎部腐烂，出现植株倒伏或凋零。防治方法为避免土温过低，也可以用波尔多液喷洒。

136. 如何栽培和养护南天竹？

（1）基本介绍

南天竹（*Nandina domestica* Thunb.），别名南天竺、红杷子、天烛子、红枸子、钻石黄、天竹、兰竹，为小檗科南天竹属小灌木。南天竹秋冬时节叶色变红，红果满枝，经久不落，是我国传统园林中常见的观叶观果植物，也是盆景的优良材料。

(2) 栽培与养护技术

南天竹喜半阴，全日照情况下也能生长；喜温暖气候和肥沃湿润、排水良好的土壤；耐寒性不强，在长江以北应选择在温暖的小气候条件下栽培，生长速度较慢。

南天竹可采用种子繁殖和分株繁殖，秋季采种，采后即播，也可在春秋两季将丛状植株掘出，从根基结合处进行分株繁殖栽培。

南天竹的出苗时间较长，一般会持续到翌年春季。因此，在幼苗出土后要做好养护工作，除夏日遮阳外，要经常浇水，保持苗床湿润，施以10%稀薄液肥，促其生长。播种苗在苗床留1～2年以后，到春天分开栽植或上盆，然后放荫蔽处培育。南天竹适宜用微酸性土壤，地栽时宜在春季进行，带土起苗或稀黄泥浆蘸根。栽植后第一年春、夏、冬三季及时中耕除草，以施磷、钾肥为主。

盆栽时，先将盆底排水小孔用碎瓦片盖好，加层木炭更好，有利于排水和杀菌，按常规法加土栽好植株，浇足水后放在阴凉处，约15d后，转入正常养护。每隔1～2年换盆1次，通常将植株从盆中扣出，去掉旧的培养土，剪除大部分根系，去掉细弱过矮的枝干定干造型，留3～5株为宜，用培养土栽入盆内，蔽荫管护，15d后正常管理。南天竹在半阴、凉爽、湿润处养护最好。南天竹适宜生长温度为20℃左右，适宜开花结实温度为24～25℃。

南天竹浇水应见干见湿。干旱季节要勤浇水，保持土壤湿润；夏季每天浇水1次并向叶面喷雾2～3次，保持叶面湿润，防止叶尖枯焦，有损美观。开花时尤应注意浇水，不能使盆土发干，并于地面洒水提高空气湿度，以利于提高受粉率。

南天竹在生长期内，细苗15d左右施1次薄肥（宜施含磷多的有机肥）。成年植株每年施3次肥，分别在5月、8月、10月进行，施肥量一般第1次、第2次宜少，第3次可增加用量。在生长期内，剪除根部萌生枝条、密生枝条，剪去果穗较长的枝干，留1～2枝较低的枝干，以保持株形美观，以利于开花结果。

南天竹常见的病虫害有红斑病、炭疽病、尺蠖等。

第二章　花卉栽培与养护技术

第三章

花卉应用与欣赏

本章主要介绍花卉应用、花卉文化和花卉欣赏等知识，是花卉产业发展的重要环节的拓展。

137. 花卉应用有哪几种形式？

木本花卉在园林中主要是作为骨架花材用于园林空间的构建，草本花卉则因其具有丰富的色彩，主要作为细部点缀用于园林气氛的渲染。花卉的园林应用包括花坛、花台、花境、花丛、花架、水景园、岩石园、容器花园、草坪和地被等形式。

138. 什么是花坛？ 花坛有何特点？

花坛是在具有一定几何轮廓的植床内种植花卉（以一、二年生花卉和球根花卉为主），或者不充种植床而以器皿灵活摆设来构成具有华丽纹样或美丽色彩的装饰绿地，以体现花卉的群体色彩。花坛的特点为具有华丽丝纹样或美丽色彩。

139. 花坛常见的有哪几种类型？

（1）按表现主题分类

花坛根据表现主题的不同可分为盛花花坛和模纹花坛。

①盛花花坛图案简单，以色彩美为其表现主题，又称花丛式花坛。盛花花坛按其外形轮廓及长短轴的比例不同可分为圆形花坛、方形花坛、三角形花坛、多边形花坛、带状花坛、花缘花坛等类型。

②模纹花坛以精细的图案为表现主题，根据其纹样图案及表现景观不同又可分为毛毡花坛、浮雕花坛、时钟花坛、日历花坛、日晷花坛、标题式花坛等类型。

（2）按布置形式分类

花坛根据布置形式的不同分为独立式花坛、组合式花坛和带状花坛。

①独立式花坛为单个花坛或多个花坛紧密结合而成，大多作为局部构图的中心，一般布置在轴线的焦点、道路交叉口或大型建筑前的广场上。

②组合式花坛又称花坛群，是由多个花坛组成的不可分割的整体。组合式花坛与独立式花坛的区别在于组成花坛群的各个花坛之间在空间上是分割的，一般用道路或草地连接，游人可以自由进入。组合花坛的用花量大，造价高，管理费工，因而只在重要地段、重要场合使用。

③带状花坛的长为宽的 3 倍以上，在道路、广场、草坪的中央或两侧，划分成若干段落，有规律地简单布置。

140. 花坛选择花卉有何要求？

盛花花坛选择花卉要求：花期一致，花期较长，株高整齐，开花繁茂，色彩鲜艳，如三色堇、金鱼草、金盏菊、万寿菊、翠菊、百日草、福禄考、紫罗兰、石竹、一串红、夏堇、矮牵牛、长春花、美女樱、鸡

冠花等；一些色彩鲜艳的一、二年生观叶花卉也较常用，如羽衣甘蓝、银叶菊、地肤、彩叶草等；也可用一些宿根花卉或球根花卉，如鸢尾、菊花、郁金香、风信子、水仙等。

模纹花坛选择花卉要求：植株低矮，株丛紧密，生长缓慢，耐修剪、耐移植，如五色苋、三色堇、半支莲、矮牵牛、香雪球、佛甲草、彩叶草、四季海棠、银叶菊、孔雀草、万寿菊、一串红、景天类等。此外，一些低矮紧密的灌木也常用于模纹花坛，如雀舌黄杨等。

141. 什么是花境？花境有何特点？

花境是指以树丛、树群、矮墙、建筑物、绿篱、栏杆等作为背景，以多年生宿根花卉为主，来组成带状的装饰绿地。

花境的特点是没有人工修砌的种植槽，外形可采用直线布置如带状花坛，也可以做规则的曲线布置，内部植物配置是自然式的，属于规则向自然式过渡的园林形式，布置地点多在林缘、矮墙或建筑物前、道路旁边或两侧，表现出多样统一、高低错落、前后有致、疏密相间的花卉景观效果。

142. 花境常见的有哪几种类型？

花境按不同分类有不同类型。

(1) 按在园林中的空间环境和形式分类

花境可以分为林缘花境、临水花境、岛状花境、路缘花境、岩石花境、专类花境等。

(2) 按花境主体植物材料的不同分类

①宿根花卉花境：花境内植栽材料以宿根花卉为主，例如芍药、萱草、鸢尾、玉簪等，是最传统的一种花境类型。

②灌木花境：花境内植栽的材料主要由各类小灌木组成，如金叶小檗、红花檵木、矮紫薇、月季、红瑞木、南天竹、金山绣线菊、小丑火

棘、毛核木、绣球等。

③球根花卉花境：花境内的植栽材料全部由球根花卉组成，如郁金香、石蒜、百合、大丽菊、水仙、唐菖蒲、风信子等。

④专类植物花境：花境内的植栽材料由一类或一种观赏植物组成，常见的如蕨类植物花境、牡丹芍药花境、观赏草花境、月季花境、绣球花境、水生花境、菊花花境、多肉花境等。

⑤混合花境：花境内的植栽材料由宿根花卉、小灌木、观赏草或球根花卉混植组成，有时也可在前侧适当配置一、二年生花卉点缀。混合花境的植物配置更接近自然植物群落，充满野趣和生机，也是园林中最常见的一种花境。

（3）按规划设计方式分类

花境可分为单面观赏花境和双面观赏花境。

143. 花境选择花卉有何要求？

花境选择花卉要求：因花境主要表现花卉丰富的形态、色彩、高度、质地及季相变化之美，故多采用花朵顶生、植株较高大、叶丛直立生长的宿根花卉，如玉簪、鸢尾、射干、萱草、羽扇豆、洋地黄、黄金菊、金鸡菊、松果菊、随意草、林荫鼠尾草、深蓝鼠尾草、天蓝鼠尾草、大吴风草、芍药、随意草、大花飞燕草、直立婆婆纳、山桃草、六倍利、金边阔叶麦冬、紫叶酢浆草等；也可以选择一些色叶或花叶小灌木，如金叶小檗、金雀草、小丑火棘、金叶女贞、花叶杞柳、南天竹、火焰南天竹、金焰绣线菊等。此外，观赏草也是花境的主要植物，如蒲苇、花叶芒、粉黛乱子草、金线蒲、金心苔草、斑叶芒、血草、蓝羊茅、细叶芒等，应时令要求也可以适当配以一、二年生花卉或球根花卉。

144. 家庭中常说的三台绿化是指什么？

家庭中常说的三台绿化是指窗台绿化、阳台绿化和露台绿化。

145. 什么是花台？花台有何特点？

花台是在高出地面 40cm 以上的植床中栽植花木的园林形式。

花台的特点主要是种植槽高出地面，装饰效果更为突出，其次花台的轮廓都是规则的，而内部植物配置有规则的，也有自然式的。因此，花台属于规则式或由规则式向自然式过渡的园林形式。目前花台有多种变形形式，如花钵、花箱、石盆、花缸等。

146. 什么是花丛、花带和花群？各有何特点？

（1）花丛

园林中花丛是用几株或几十株花卉组合成丛的自然式应用，以显示花卉华丽色彩为主，富有自然之趣，管理比较粗放，装饰性较强。

（2）花带

花带是以花卉为主的观赏植物呈带状种植的地段。花带的宽度一般为 1～2m，长度大于宽度的 3 倍以上，又称为带状花坛。常设于道路中央或两侧、沿水景岸边、建筑物的墙基或草坪的边缘等处，形成色彩鲜艳、装饰性较强的连续构图的景观。花带按栽种方式可分为规则式和自然式两种。规则式花带，花卉的株距相等；自然式花带株距不等，成片成块种植时能显出自然美。

（3）花群

花丛株数扩大连成片即成花群，或者由多个花丛组合形成花群，若组成带状花群即为花带。

147. 什么是容器花园？容器花园有何特点？

容器花园是近年来欧美较流行的迷你花园模式，顾名思义是将花卉种在容器里，按一定形式和空间组合，相互搭配，也有形成"树丛、道路、水体、建筑、草坪和地形变化"等复杂"花园"形式的，表现不同花卉共同组合的景观效果和植物多样性。

容器有简单的茶杯、塑料壶、花盆、花桶、石盆、花箱、缸等，甚至还有复杂的自动浇水灌溉系统（如蕾秀花盆）等。容器花园按功能分为食用容器花园和观赏容器花园或两者兼而有之。

特点：容器花园在小空间中营造大场面，在小空间中布置多种花卉，以小中见大取胜。

适合容器种植的植物种类很多，以草本花卉、花叶和彩叶花卉或小灌木、多肉植物、观赏草、蕨类植物等为主。植物在容器中生长相对于花园植物有许多优点：可放阳台、露台、屋顶花园或室内，形式多样，占地空间不大，营造简单，移动方便，营造效果好等。

148. 什么是花卉小品？花卉小品有哪些应用形式？

花卉小品是指经过认真构思，结合环境和主题，以花卉和小型植物材料为主，营造花卉景观的装饰形式。它具有美化环境、渲染气氛、分割空间、疏导游人的功能。

花卉小品主要的应用形式有混合式花境、立体花坛、木桶、垂吊、花架、花柱、花门、屏风、框栽或钵植等，也包括上述形式的各种变形如指示牌、花瓶、船等。

149. 什么是垂直绿化？哪些花卉可以用于垂直绿化？

垂直绿化又称立体绿化，是指充分利用不同的立体条件，选择攀缘植物及其他植物栽植并依附或者铺贴于各种构筑物及其他空间结构上的绿化方式，包括立交桥、建筑墙面、坡面、河道堤岸、屋顶、门庭、花架、棚架、阳台、廊、柱、栅栏、枯树及各种假山与建筑设施上的绿化，是在园林立体空间中进行绿化装饰的一种园林形式。

栽培知识200问

垂直绿化的植物材料种类很多，花卉由于重量较轻，适宜在篱栅、棚架做立体布置，常用形式有墙面绿化、阳台绿化、棚架绿化、篱笆绿化、坡面绿化、屋顶绿化和室内绿化等。

适合垂直绿化的花卉有紫藤、藤本月季、木香花、凌霄、地锦、常春油麻藤、花叶络石、薜荔、花叶蔓长春、金银花、牵牛花、茑萝、香豌豆、小葫芦等。

150. 什么是屋顶花园？哪些花卉可以用于屋顶花园？

屋顶花园是指在屋顶绿化来增加城市绿地面积，改善日趋恶化的人类生存环境空间；改善城市因高楼大厦林立、众多道路的硬质铺装而取代的自然土地和植物的现状；改善因过度砍伐自然森林、各种废气污染而形成的城市热岛效应、沙尘暴等对人类的危害。屋顶花园对开拓人类绿化空间，建造田园城市，改善人民的居住条件，提高生活质量，以及对美化城市环境，改善生态效应有着极其重要的意义。

屋顶花园的植物选择如下。

（1）选择耐旱、抗寒性强的矮灌木和草本植物

由于屋顶花园夏季气温高、风大、土层保湿性能差，冬季则保温性差，因而应选择耐干旱、抗寒性强的植物。同时，考虑到屋顶的特殊地理环境和承重的要求，应注意多选择矮小的灌木和草本植物，以利于植物的运输、栽种和管理。

（2）选择阳性、耐瘠薄的浅根性植物

屋顶花园大部分地方为全日照直射，光照强度大，植物应尽量选用阳性植物，但在某些特定的小环境中，如花架下面或靠墙边的地方，日照时间较短，可适当选用一些半阳性的植物种类，以丰富屋顶花园的植物品种。屋顶的种植层较薄，为了防止根系对屋顶建筑结构的侵蚀，应尽量选择浅根系的植物。因施用肥料会影响周围环境的卫生状况，故屋顶花园应尽量种植耐瘠薄的植物。

（3）选择抗风、不易倒伏、耐积水的植物

在屋顶上空风力一般较地面大，特别是雨季或有台风来临时，风雨

交加对植物的生存危害较大，加上屋顶种植层薄，土壤的蓄水性能差，一旦下暴雨，易造成短时积水，故应尽可能选择一些抗风、不易倒伏，同时又能耐短时积水的植物。

（4）选择以常绿为主、冬季能露地越冬的植物

营建屋顶花园的目的是增加城市的绿化面积，美化"第五立面"，屋顶花园的植物应尽可能以常绿为主，宜用叶形和株形秀丽的品种。为了使屋顶花园更加绚丽多彩，体现花园的季相变化，还可适当栽植一些色叶树种；另外，在条件许可的情况下，可布置一些盆栽的时令花卉，使花园四季有花。

（5）尽量选用乡土植物，适当引种绿化新品种

乡土植物对当地的气候有高度的适应性，在环境相对恶劣的屋顶花园，选用乡土植物有事半功倍之效。同时考虑到屋顶花园的面积一般较小，为将其布置得较为精致，可选用一些观赏价值较高的新品种，以提高屋顶花园的档次。

可以用于屋顶花园的花卉有：苏铁、西府海棠、梅花、蜡梅、紫荆、山茶、茶梅、杜鹃、结香、金森女贞、金姬小蜡、小丑火棘、锦带花、大花铁线莲、绣球、琼花、迎春花、云南黄馨、月季、玫瑰、蝴蝶花、紫叶酢浆草、黄金锦络石、花叶络石、花叶蔓长春、凌霄、花叶常春藤等。

151. 什么是植物绿墙？哪些花卉可以用于植物绿墙？

植物绿墙，又称绿色植物墙、植物墙，是用绿色植物采用无土栽培技术和智能自动灌溉系统营造的绿色墙体，利用植物的根系对生长环境的超强适应能力，使植物生长于垂直的建筑墙面。植物绿墙采用超轻超薄材料，占用空间小，可以在多种规则与弧度的墙体上施工，植物存活时间较长，而且可以根据客户的需求进行各种大小和艺术图案设计。

植物绿墙存在许多应用上的特色与优势：

（1）环境适用性广：植物绿墙可以用于建筑室内外的多个地方，除了美化、净化环境以外，还可以作为背景墙、艺术隔断、植物壁画等，

可以极大地丰富建筑及居家设计。

（2）形成生态微系统：植物绿墙就是一个微型的生态系统，通过种植多种绿色植物，可以有效地隔热降温，降噪除尘，调节室内湿度，吸附空气中的有害物质，净化空气，增加负氧离子含量，改善办公和居家环境，营造充满现代艺术气息的生态微系统。

植物绿墙多选用耐阴、低光照、喜湿、适合室内环境的花卉，以观叶植物为主。可以用于植物绿墙的花卉有：紫竹梅、吊兰、金心吊兰、金边吊兰、金山棕、红掌、合果芋、竹芋类、绿萝、黄金葛、喜林芋、龟背竹、袖珍椰子、白鹤芋、广东万年青、文竹、天门冬、常春藤、花叶常春藤、吉祥草、白网纹草、红网纹草、蕨类植物和多肉植物等。

152. 什么是植物瓶景？哪些花卉可以用于植物瓶景？

植物瓶景就是把细小的植物种在透明的玻璃瓶或透明的塑料容器中而制成的一种特殊花卉装饰品。

植物瓶景可选用一些根系浅、耐旱性较强、生长比较缓慢的迷你型植物，在日常的瓶景制作中可选择蕨类、络石、网纹草、多肉植物、苔藓等一类的植物。

153. 什么是水景园？哪些花卉可以用于水景园？

水景园是用水生花卉对园林中的水面进行绿化装饰的花卉专类园形式。

花卉选用：以水生花卉和湿生花卉为主，如荷花、睡莲、水葱、花叶水葱、花菖蒲、常绿水生鸢尾、千屈菜、香蒲、金叶芦苇、慈姑、梭鱼草、紫芋、黄菖蒲、三白草、聚草、水罂粟、花叶芦竹、水生美人蕉、水禾等。

154. 庭院中常见的花卉有哪些?

庭院中可种的花卉很多,一般选择花色艳丽、花香宜人、植株形态优美的花卉,若有一定花卉文化或吉祥植物更好,如"玉棠富贵"的玉兰、海棠、牡丹等,"庭院四品"的芭蕉、海棠、木芙蓉和紫竹,"岁寒三友"的松、竹、梅。

庭院里的植物品种不要太多,应以一二种植物作为主景,再选种几种植物作为搭配,考虑四季开花和色彩搭配。以小乔木、灌木和草花以及地被植物为主,植物的选择要与整体庭院风格相配,植物的层次要清楚、简洁而美观。

庭院中常见的花卉有以下几类。

(1) 乔木类

玉兰、紫玉兰、樱花、西府海棠、垂丝海棠、桂花、石榴、梅花、紫薇、白兰花、罗汉松、五针松、碧桃、杏、紫叶李、梨、柿树、紫丁香、红枫、鸡爪槭、布迪椰子、加那利海枣、棕榈、苏铁等。

(2) 灌木类

牡丹、月季、玫瑰、山茶、茶梅、蜡梅、木芙蓉、红千层、含笑、紫荆、结香、瑞香、山茱萸、郁李、火棘、金钟花、枸橘、棣棠、溲疏、银姬小蜡、蚊母树、红叶石楠、金森女贞、银霜、天目琼花、木绣球、金橘、扶桑、花叶杞柳、十大功劳、阔叶十大功劳、花叶胡颓子、金边大叶黄杨、红花檵木、寿星桃、石斑木、杜鹃、凤尾兰、贴梗海棠、六雪月、冬青金宝石、地中海荚蒾、金银木、金丝桃、小叶蚊母树、迎春花、云南黄馨、大花六道木、白棠子树等。

(3) 地被植物类

芍药、菊花、二月兰、萱草、玉簪、紫萼、大吴风草、鸢尾、红花酢浆草、紫叶酢浆草、微型月季、麦冬、矮麦冬、水仙花、兰花三七、阔叶麦冬、金边阔叶麦冬、葱兰、紫娇花、雪滴花、粉花绣线菊、金山绣线菊、金焰绣线菊、喷雪花、鸭儿芹、美女樱、八角金盘、熊掌木、紫金牛、白穗花、南天竹、白芨、虞美人、波斯菊、凤仙花、鸡冠花、水栀子、黄菖蒲、韭莲、石蒜、忽地笑、五色梅、臭牡丹、佛甲草、银叶菊、亚菊、吉祥草、文殊兰、百子莲等。

（4）藤本植物类

紫薇、木香花、常春油麻藤、藤本月季、花叶络石、地锦、凌霄、大花铁线莲、薜荔、牵牛花、蔓长春等。

（5）观赏竹类

紫竹、斑竹、金镶玉竹、早园竹、菲白竹、黄杆乌哺鸡竹、五月季竹、黄槽竹、佛肚竹、小佛肚竹、龟甲竹、花毛竹、鹅毛竹、翠竹等。

（6）水生植物类

荷花、睡莲、萍蓬草、水烛、花菖蒲、黄菖蒲、常绿水生鸢尾、水葱、千屈菜、菖蒲、石菖蒲、花叶芦竹、水生美人蕉、苦草、菹草、金鱼藻、槐叶萍、梭鱼草、紫芋等。

（7）观赏草类

花叶芒、斑叶芒、蓝羊茅、蒲苇、粉黛乱子草、金心苔草、金线蒲、血草、狼尾草、小兔子狼尾草、粉花狼尾草、晨光芒等。

155. 庭院中常见的药用花卉有哪些？

许多花卉除可观赏之余还具有药用价值，如三七、麦冬、乳白石蒜、石竹花、金银花、接骨草、杜鹃、迎春花、茉莉花、凤仙花、玉兰、木芙蓉、白兰花、六月雪、牡丹、辛夷、菊花、枸杞、含羞草、天目地黄等。

156. 庭院中常见的香花植物有哪些？

庭院中常见的香花植物有：蜡梅、结香、含笑、玫瑰、香水月季、桂花、菊花、香雪球、薰衣草、迷迭香、香可可、薄荷、白兰、丁香、苦楝、栀子花、茉莉、九里香、夜来香、晚香玉、香睡莲、香根草、山苍子等。

157. 庭院中常见的果树有哪些?

果树是庭院植物中必不可少的特色植物，有很高的观赏性，可以丰富庭院景观，部分果实还可以食用。

庭院中常见的果树有：柿树、枇杷、木瓜、杏、桃、寿星桃、梅、李、石榴、无花果、樱桃、枣、柑橘、杧果、香蕉、苹果、梨、蓝莓、黑莓、杨梅等。

158. 庭院中常见的观赏竹有哪些?

庭院中常见的观赏竹有：花竹、粉单竹、方竹、孝顺竹、凤尾竹、观音竹、小琴丝竹、黄纹竹、斑竹、紫竹、龟甲竹、小佛肚竹、黄金间碧竹、菲白竹、翠竹、菲黄竹、黄杆乌哺鸡竹、雷竹、高节竹等。

159. 庭院中常见的常绿地被植物有哪些?

庭院中常见的常绿地被植物有：大吴风草、金心苔草、万年青、一叶兰、麦冬、沿阶草、兰花三七、吉祥草、阔叶麦冬、金边阔叶麦冬、矮麦冬、葱兰、紫叶酢浆草、文竹、天冬草、石菖蒲、吊兰、常绿萱草、虎耳草、矾根、春鹃、夏鹃、火棘、金森女贞、十大功劳、茶梅、雀舌黄杨、菲白竹、菲黄竹等。

160. 庭院中常见的球形植物有哪些?

庭院中常见的球形植物或可以修剪成球形的植物有：红叶石楠、金边胡颓子、小蜡、红花檵木、金叶千头柏、金球桧、茶梅、大叶黄杨、

栀子花、杜鹃、非洲茉莉、枸骨、无刺枸骨、瓜子黄杨、龟甲冬青、海桐、紫叶小檗、金叶小檗、黄金榕、黄杨、胶东卫矛、金叶女贞、金森女贞、金叶榆、龙柏、五针松、冬青金宝石、银姬小蜡、地中海荚蒾、北海道黄杨、凤尾竹、结香、小叶蚊母树、红千层、金丝桃、蚊母树、粉花绣线菊、花叶杞柳等。

161. 庭院中常见的春花植物有哪些？

庭院中常见的春花植物有：二乔玉兰、紫玉兰、黄玉兰、红运玉兰、东京樱花、日本晚樱、乐昌含笑、深山含笑、阔瓣含笑、牡丹、芍药、碧桃、寿星桃、梅花、美人梅、山茶、棣棠、迎春花、云南黄馨、金钟花、连翘、结香、含笑、杏、垂丝海棠、西府海棠、海棠花、苹果、贴梗海棠、木瓜、木瓜海棠、杜鹃、羊踯躅、月季、蔷薇、玫瑰、金山绣线菊、金焰绣线菊、喷雪花、红茴香、红花檵木、紫丁香、山矾、溲疏、木绣球、天目琼花、大花六道木、山梅花、野茉莉、白鹃梅、中华绣线菊、麻叶绣线菊、云实、白丁香、紫荆、春兰、香雪球、金鱼草、三色堇、雏菊、紫茉莉、酢浆草、虞美人、花毛茛、唐菖蒲、耧斗菜、报春、欧洲报春、黄菖蒲、鸢尾、西伯利亚鸢尾等。

162. 庭院中常见的夏花植物有哪些？

庭院中常见的夏花植物有：合欢、南洋楹、广玉兰、黄蝉、木槿、扶桑、典槿、海滨木槿、五色梅、八仙花、金丝桃、紫薇、凤尾兰、丝兰、凌霄、醉鱼草、蕙兰、石蒜、万寿菊、波斯菊、孔雀草、藿香蓟、蜀葵、萱草、毛蕊花、婆婆纳、红花吊钟柳、火炬花、洋地黄、蜀葵、耧斗菜、含羞草、长春花、凤仙花、向日葵、百日草、大花美人蕉、大吴风草、姜花、射干、玉簪、铁线莲、蜘蛛兰、文殊兰、荷花、睡莲、再力花等。

163. 庭院中常见的秋花植物有哪些?

庭院中常见的秋花植物有:桂花、石榴、紫薇、木芙蓉、羊蹄甲、凤尾兰、虎刺梅、菊花、茑萝、假龙头、一串红、朱唇、万寿菊、旱金莲、波斯菊、雁来红、葱兰、百日草、千日红、鸡冠花等。

164. 庭院中常见的冬花植物有哪些?

庭院中冬花植物的自然花期较短,可在冬季开花的有:山茶、梅花、蜡梅、茶梅、杨梅、小叶蚊母树、蚊母树、枇杷、墨兰、水仙花、郁金香、风信子、三色堇、雏菊、金鱼草、虞美人等。

165. 庭院中常见的红花植物有哪些?

庭院中常见的红花植物有:钟花樱、日本晚樱、碧桃、梅、山茶、蔷薇、月季、玫瑰、二乔玉兰、杏、海棠属(垂丝海棠、西府海棠、海棠花、苹果、山荆子等)、木瓜属(木瓜、贴梗海棠、木瓜海棠、日本贴梗海棠等)、绣线菊类(金山绣线菊、金焰绣线菊等)、毒八角、红茴香、牡丹、红花檵木、柑橘、柚子、虞美人、花毛茛、唐菖蒲、金鱼草、瓜叶菊、耧斗菜、荷花、睡莲、郁金香、风信子、矮牵牛、雏菊、金鱼草、波斯菊、虞美人、芍药等。

166. 庭院中常见的蓝花植物有哪些?

庭院中常见的蓝花植物有:大花飞燕草、翠雀、鸢尾、西伯利亚鸢尾、瓜叶菊、天蓝鼠尾草、深蓝鼠尾草、矮牵牛、鸭跖草、淡竹叶、波斯婆婆纳、六倍利、翠芦藜、桔梗、南非万寿菊、幌菊、绿绒蒿等。

第三章 花卉应用与欣赏

花开 栽培知识200问

167. 庭院中常见的紫花植物有哪些?

庭院中常见的紫花植物有:紫玉兰、苦楝、月季、玫瑰、杜鹃、鹿角杜鹃、云锦杜鹃、满山红、牡丹、芍药、瑞香、紫堇类、一串紫、墨西哥鼠尾草、醉鱼草、花菖蒲、金鱼草、睡莲、郁金香、风信子、矮牵牛、雏菊、波斯菊、虞美人、南非万寿菊、绿绒蒿、紫茉莉、酢浆草、紫丁香、泡桐等。

168. 庭院中常见的黄花植物有哪些?

庭院中常见的黄花植物有:棣棠、迎春花、云南黄馨、金钟花、连翘、结香、含笑、黄玉兰、羊蹄甲、黄色月季、牡丹、云实、花毛茛、四季报春、欧洲报春、黄菖蒲、蛇果黄堇、少花黄堇、芍药、紫茉莉、荷花、睡莲、郁金香、风信子、矮牵牛、雏菊、金鱼草、波斯菊、虞美人等。

169. 庭院中常见的白花植物有哪些?

庭院中常见的白花植物有:玉兰、深山含笑、阔瓣含笑、梅花、山茶、杜鹃、桃、李、杜梨、豆梨、沙梨、白梨、贴梗海棠、白檀、山矾、溲疏、荚蒾类、山梅花、野茉莉、秤锤树、牡丹、芍药、檵木、海桐、白鹃梅、白丁香、香雪球、金鱼草、瓜叶菊、月季、绣线菊类(中华绣线菊、麻叶绣线菊、珍珠绣线菊、笑靥花等)、荷花、睡莲、郁金香、风信子、矮牵牛、雏菊、金鱼草、波斯菊、虞美人等。

170. 庭院中常见的藤本花卉有哪些？

庭院中常见的藤本花卉有：紫藤、蔷薇、藤本月季、木香花、双喜藤、叶子花、猕猴桃、葡萄、锦屏藤、大花铁线莲、凌霄、扶芳藤、常春油麻藤、茑萝、牵牛花、西番莲、绿萝、旱金莲、天门冬、五爪金龙、金银花、常春藤、络石、黄金锦络石、花叶络石等。

171. 庭院中常见的观叶花卉有哪些？

庭院中常见的观叶花卉有：散尾葵、马拉巴栗、橡皮树、文竹、袖珍椰子、鹅掌柴、绿萝、巴西木、吊兰、孔雀竹芋、白鹤芋、美丽针葵、一叶兰、虎尾兰、绿宝石、平安树、铁线蕨、山海带、棕竹、玉树、金钱树、春羽、也门铁、幸福树、孔雀木、龟背竹、果子蔓、夏威夷椰子、伞树、长春蔓、南洋杉、苏铁、朱蕉、鸟巢蕨等。

172. 庭院中常见的多色花卉有哪些？

庭院中常见的多色花卉有：月季、杜鹃、山茶、茶梅、菊花、兰花、荷花、睡莲、郁金香、风信子、三色堇、矮牵牛、雏菊、金鱼草、波斯菊、虞美人、鼠尾草类、萱草类、大丽花、鸡冠花、瓜叶菊、花菖蒲等。

173. 庭院中常见的观果花卉有哪些？

庭院中常见的观果花卉有：石榴、苹果、山楂、火棘、枸骨、香橼、白棠子树、南天竹、菲油果、北美冬青、红果金丝桃、赤楠、佛

手、金橘、朱砂橘、乳茄、珊瑚樱、五彩椒、唐棉、观赏蓖麻、紫金牛、观赏西红柿、观赏南瓜、蛇瓜、枸杞、木瓜、银杏、朱砂根等。

174. 庭院中常见的彩叶花卉有哪些?

庭院中常见的彩叶花卉有:金心胡颓子、金边胡颓子、金球桧、金叶千头柏、金边大叶黄杨、金森女贞、金叶女贞、花叶杞柳、紫叶酢浆草、花叶蔓长春、黄金锦络石、彩叶草、变叶木、花叶大吴风草、金叶假连翘、花叶柊树、银姬小蜡、金叶过路黄、花叶麦冬、金叶佛甲草、金心苔草、金线蒲、花叶芒、斑地芒、花叶蒲苇、花叶扶桑、花叶复叶槭等。

175. 庭院中常见的观茎花卉有哪些?

庭院中常见的观茎花卉有:金枝槐、卫茅、光皮梾木、豹皮樟、红瑞木、浙江柿、方竹、紫竹、佛肚竹、金镶玉竹、黄杆乌哺鸡竹、仙人掌、量天尺、龙神柱、光棍树等。

176. 庭院中常见的招蜂引蝶花卉有哪些?

庭院中常见的招蜂引蝶花卉有:白玉兰、丁香、贴梗海棠、杜鹃、水仙、虞美人、金鸡菊、菊花、栀子花、向日葵、绣球花等。

177. 星座与花的关系是什么?

十二星座有各自的幸运花与之对应,它们分别是:
(1) 水瓶座—牡丹花
(2) 双鱼座—郁金香

（3）白羊座—马蹄莲

（4）金牛座—铃兰

（5）双子座—玫瑰

（6）巨蟹座—飞燕草

（7）狮子座—向日葵

（8）处女座—紫薇

（9）天秤座—菊花

（10）天蝎座—剑兰

（11）射手座—勿忘我

（12）摩羯座—康乃馨

178. 岁寒三友是指哪三种花卉？

岁寒三友分别是：松、竹、梅。

179. 花间四友是指哪四种动物？

花间四友分别是：蝶、莺、燕、蜂。

180. 花草四雅是指哪四种植物？

花草四雅分别是：兰、菊、水仙、菖蒲。

181. 我国传统十大名花是指哪十种花卉？

新中国成立以来，我国曾举办过两次群众性的全国名花评选活动，传统十大名花分别是：

(1)"花魁"梅花

(2)"花中之王"牡丹

(3)"高风亮节"菊花

(4)"花中君子"兰花

(5)"花中皇后"月季

(6)"花中西施"杜鹃

(7)"出水芙蓉"荷花

(8)"花中珍品"山茶

(9)"秋风送爽"桂花

(10)"凌波仙子"水仙

182. 世界五大园林树种是哪五种植物?

(1)南洋杉

南洋杉(*Araucaria cunninghamii* Sweet)为南洋杉科南洋杉属南方常绿高大乔木。南洋杉树形为尖塔形,枝叶茂盛,树形高大,姿态优美,叶片呈三角形或卵形,南洋杉为世界著名的庭院树之一,宜独植作为园景树或纪念树,亦可作行道树。南洋杉也是珍贵的室内盆栽装饰树种。

(2)雪松

雪松(*Cedrus deodara* (Roxb.) G. Don)为松科雪松属常绿高大乔木。雪松树体高大,树形优美,它适宜孤植于草坪中央、建筑前庭中心、广场中心或主要建筑物的两旁及园门的入口等处,也可成丛或成片配置。其主干下部的大枝自近地面处平展,长年不枯,能形成繁茂雄伟的树冠。此外,将其列植于园路的两旁,形成甬道,亦极为壮观,是世界著名的庭院观赏树种之一。它具有较强的防尘、减噪与杀菌能力,适宜作工矿企业绿化树种,也可盆栽做成盆景。

(3)金钱松

金钱松(*Pseudolarix amabilis* (Nelson) Rehd.)为松科金钱松属落叶高大乔木。金钱松为著名的古老残遗植物,只在中国长江中下游少数地区幸存下来。金钱松树形挺拔高大，树姿优美，叶在短枝上簇生、辐射平展成圆盘状，似铜钱，深秋叶色金黄，极具观赏性，它可在庭院和园林绿地中孤植、丛植、列植或用作风景林，为珍贵的观赏树木之一。

（4）金松

金松（*Sciadopitys verticillata*（Thunb.）Sieb. et Zucc.）又称日本金松，为杉科金松属常绿乔木，原产于日本。我国青岛、庐山、南京、上海、杭州、武汉等地有栽培。金松树姿优美，树冠如伞，叶片绿中带黄丝，绚丽夺目，生长缓慢，它是稀有珍品，可作庭园观赏树，可孤植或丛植。

（5）巨杉

巨杉（*Sequoiadendron giganteum*（Lindl.）J. Buchholz）又称北美巨杉，为杉科巨杉属常绿高大乔木，主要分布于美国加利福尼亚州内华达山脉西部，巨杉也被引进至欧洲、澳大利亚、新西兰及南美的智利与阿根廷的部分地区，我国杭州引种栽培。巨杉为世界著名的树种之一，雄伟壮观，浓荫蔽日，可作园景树应用，适用于湖畔、水边、草坪中孤植、群植或作风景林，景观秀丽，也可沿园路两边列植。

183. 客厅如何选用花卉？

（1）用花要求

客厅是家人聚会和接待客人的重要场所，其装饰和摆设容易显示主人的身份、兴趣和文化品位等。客厅的花卉布置应与客厅的整体建筑风格、装修特色以及家具的色彩相协调，如中式建筑宜多应用具有中国特色的传统名花、盆景，插花也应采用东方式的瓶插；而现代风格的建筑则以摆设时尚的花卉和观叶植物为主，有时也可在某个部位摆放几件古朴典雅的盆景、古陶以示情怀，在格调上颇具强烈对比的艺术效果。客厅布置重点在茶几和宾主交谈时比较注意的地方，这些地方可放上较为名贵的盆花或插花。客厅摆放花卉应少而精，不能过多过杂，突出主人的特色和品位。

（2）适合花卉

客厅一般面积较大，可在沙发旁、墙角、柜旁及其他不影响活动的地方摆设一些大、中型的盆花和观叶植物，如酒瓶椰、大叶伞、幌伞枫、散尾葵、绿萝、合果芋、棕竹、龟背竹、海芋、八角金盘、马拉巴栗（发财树）、福禄桐、清香木等。节日期间可摆放些春兰、仙客来、西洋杜鹃、凤梨、君子兰、蝴蝶兰、兜兰、绣球等盆花在茶几或高架上，增添喜庆的气氛。较大的客厅还可以放上几盆南方红豆杉、罗汉松、竹柏等高档次的耐阴的盆景，可体现客厅的典雅和诗情画意。在客厅窗上可摆几盆小型盆栽，如吊兰、矾根、文竹、天门冬、吉祥草、白穗花、虎耳草等。

184. 书房如何选用花卉？

（1）用花要求

书房是人们读书做学问的地方，布置上应创造清净、简朴的环境，花卉以小型、浅色、飘逸的为雅。

（2）适合花卉

一般在写字台、窗台、书架上放些石菖蒲、文竹、网纹草、直立天门冬、兰花、君子兰、案头菊、凤尾竹等中小型的盆花或盆景，也可插一瓶花。书橱的上方一隅摆放1～2盆绿萝、吊兰等悬挂观叶植物。若地方较大，还可以落地式布置数盆棕竹、佛肚竹等观叶植物，墙上再配合一些书画，增添一丝文艺气息。

185. 卧室如何选用花卉？

（1）用花要求

卧室是人们休息睡觉的地方，要装饰得轻松、温馨，以缓解紧张的神经。由于卧室面积一般较小，所以在摆设时宜选用带有平和淡香、无毒的中小型盆花或插花。卧室摆设花卉时还要特别注意其色彩要和窗

帘、床单的色彩相协调，给人以温馨的感觉。

（2）适合花卉

卧室可以摆放的花卉有仙客来、蒲包花、案头菊、报春花、四季秋海棠和蕨类植物等，也可在橱柜上方摆一盆绿萝或常春藤等悬垂植物。卧室的窗台上可点缀几盆仙人掌类的多浆植物、茉莉花和矮小的观叶植物。天竺葵、水仙花、虞美人、百合、郁金香、马蹄莲等气味浓郁的植物不宜在卧室中摆放。

186. 婚礼如何选用花卉？

（1）用花要求

结婚作为人生的一件大事，随着人们物质生活水平的提高，受到越来越多人的重视，同时婚庆用花也为追求时尚浪漫的年轻人所青睐。美丽的鲜花不仅为婚礼添抹一些亮色，同样为婚礼带来好的彩头。结婚用花的关键是花语、花形、花色的选择及花材品种的正确使用。花语是指花的寓意，如百合寓意百年好合，天堂鸟寓意比翼双飞，红掌寓意心心相印等；花形一般选择心形；花色一般要艳丽浓烈，体现喜庆气氛。

（2）适合花卉

婚礼常用的花卉有百合、红掌、郁金香、紫罗兰、大花飞燕草、鹤望兰（天堂鸟）、文心兰、蝴蝶兰、卡特兰、兜兰、月季、非洲菊、香石竹（康乃馨）、桔梗、满天星、情人草、勿忘我、红果金丝桃（相思豆）、北美冬青（果枝）、南天竹、朱砂根等。

187. 新娘捧花如何制作？

（1）用花要求

新娘捧花指新娘手捧的花束，款式多样，有圆形、瀑布形、三角形和不规则形等多种形状，花色丰富，传统的红黄组合，清新的蓝绿组合，现代的纯白装饰。新娘捧花在制作时先将主花用包装袋扎成束或直

接固定在花托上，然后在其外围添加配花配叶，最后用若干张塑料纸或纸质包装纸包裹花梗叶梗，扎上蝴蝶结，外露花朵和叶片。

捧花一般由单个品种的主花、配花和配叶组成，也可由两三个主花品种和单个品种的配花配叶组成。捧花的款式和大小要求与新人的身高和服装相协调：身材矮胖者配以体量较小的捧花，如瀑布形、三角形和不规则形；身材修长者配体量较大的捧花，捧花形式不限。而追求时尚个性的新人可以选择不规则形捧花或以多肉植物，甚至全用绿叶组成，捧花握手处以手握舒适为宜或用花托。捧花的色彩因新娘个性不同而异。

（2）适合花卉

新娘捧花的主花一般用百合、月季、红掌、鹤望兰、蝴蝶兰、文心兰等，配花用满天星、情人草、勿忘我等，配叶用天门冬、巴西木叶、肾叶、八角金盘叶等。

188. 葬礼如何选用花卉？

（1）用花要求

葬礼选用的花一般以花朵素雅的为好，以示对逝者的缅怀和祭奠，宜选用白色、黄色、蓝色。

（2）适合花卉

如菊花、月季、香石竹、非洲菊等，辅以龙柏、松枝、文松、天门冬、肾蕨等。

189. 情人节送花有何讲究？ 如何送花？

（1）送花要求

每年阳历 2 月 14 日是情人节。情人节通常以玫瑰和郁金香为专用花，不同色彩表达对爱的不同感觉。赠送红色的玫瑰来表示热恋情人间的浓浓的爱意，初恋时讲究送含苞欲放的粉色玫瑰或浅色玫瑰，表达小清新的爱意。

（2）适合花卉

情人节以玫瑰和郁金香为最适宜的花卉，也可以送百合、勿忘我、红掌、洋兰、香石竹、菊花等其他花卉。

190. 母亲节送花有何讲究？如何送花？

（1）送花要求

1914年美国定阳历5月的第2个星期日为母亲节，现已被世界许多国家采用。母亲节多以香石竹作为专用花，在这一天，不少人胸前佩戴粉色香石竹以示庆贺，子女送母亲通常也送香石竹。一般以大朵粉色的香石竹作为母亲节的用花，因为粉色是女性的颜色，而香石竹的层层花瓣则代表着母亲对子女绵绵不断的慈爱之情。

我国传统的母亲节以萱草为专用花，象征东方女性温柔、含蓄、朴实、坚忍、牺牲奉献的精神，在恬淡中散发出母爱的光辉。相传隋末时，唐太宗李世民与父亲李渊南北征战，他的母亲因思念儿子而病倒。当时，大夫就用具有明目安神效果的萱草煎煮给李母服用，并在北堂种植萱草，以解其忧思。后来，游子要远行时，就会在北堂种植萱草，希望母亲减轻对孩子的思念，忘记烦忧。因此，"北堂树萱"可以令人忘忧，引申为母子之情。如唐朝诗人孟郊《游子》诗云："萱草生堂阶，游子行天涯。慈亲倚堂门，不见萱草花。"

（2）适合花卉

除香石竹、萱草外，母亲节也可送其他花卉，如百合、满天星、马蹄莲、勿忘我等。

191. 父亲节送花有何讲究？如何送花？

（1）送花要求

阳历6月的第3个星期日是父亲节。父亲节没有特定专用花卉，但

通常以送黄色的花为宜，黄色表示权威、尊重和崇敬，有的国家把黄色视为男性的颜色，但在日本，父亲节必须送白色的花。花的种类、枝数和造型不限，也可送盆花或小型盆栽。

（2）适合花卉

如月季、马蹄莲、百合、菊花、唐菖蒲、洋桔梗、帝王花、长寿花等。

192. 春节送花有何讲究？如何送花？

（1）送花要求

每年农历正月初一是我国的春节，春节送花以吉祥、喜庆、红火为宜，多以红色的和黄色的为主，多送盆花，也可以送观果类花卉或鲜切花（枝、果）。

（2）适合花卉

常见的春节送礼花卉有：盆花类分为木本、观叶、草本三类。木本类主要有梅花、蜡梅、山茶、桃花、月季、金橘、四季橘、佛手、牡丹、杜鹃等。观叶类主要有散尾葵、棕竹、龙血树、富贵竹、清香木、绿萝、合果芋等。草本类主要有水仙、蟹爪兰、仙客来、瓜叶菊、热带兰、非洲紫罗兰、报春花、郁金香、风信子、百合、万寿菊等。

193. 祝贺生日送花有何讲究？如何送花？

（1）送花要求

生日祝贺送花以对方喜欢的为好，也可以送盆花。

（2）适合花卉

送给小孩或比你年轻者，以送小、轻、浅色的花为好，如粉色月季、浅黄色郁金香、多头香石竹、勿忘我、满天星、小苍兰、唐菖蒲、多肉植物等；送给同辈的好友，以百合、月季、郁金香、红掌、六出花、洋桔梗、蝴蝶兰等为宜；送给年长者，可送万年青、君子兰、长寿花、蟹爪兰、金琥、小盆景等。凡是属于喜庆的花或对方喜欢的花都可相赠。

194. 祝贺乔迁送花有何讲究？如何送花？

（1）送花要求

祝贺朋友乔迁之喜，以送适合室内生长的花卉为宜，可送室内观叶植物为新居增添生气。

（2）适合花卉

可送适合室内生长的观叶植物，如巴西铁、马拉巴栗（发财树）、晃伞枫、大叶伞、福禄桐、鹅掌柴、绿萝等；也可送装饰性的盆花，如兰花、仙客来、小苍兰、山茶、牡丹、大丽花、菊花、月季、唐菖蒲、君子兰、四季橘等，象征事业飞黄腾达，生活万事如意。

195. 什么是花卉专类园？花卉专类园有哪些形式？

花卉专类园指具有特定的主题内容，以具有相同特质类型（种类、科属、生态习性、观赏特性、利用价值等）的植物为主要构景元素，以植物搜集、展示、观赏为主，兼顾生产、研究的植物主题园。

花卉专类园的形式有以下几种：

（1）展示亲缘关系的专类园，如牡丹芍药园、杜鹃园、菊圃等；

（2）展示生境内容为主题的专类园，如阴生植物专类园、菖蒲园、沙生植物专类园等；

（3）以植物观赏特点为主题的专类园，如禾草园、棕榈园、秋景园、春花园、色彩园等；

（4）体现植物特殊经济价值的专类园，如农作物专类园、中草药园等；

（6）其他专类园，如文学花园、盆景园、香花园等。

196. 我国古代主要有哪些关于花卉的著作？

我国花卉栽培历史悠久，优秀著作层出不穷。如汉武帝时期的《西京杂记》，记载了 2000 余种热带、亚热带观赏植物；西晋嵇含的《南方草木状》，记载了两广和越南栽培的观赏植物；宋代花卉栽培取得长足发展，代表作有陈景沂的《全芳备祖》、范成大的《范村梅谱》《范村菊谱》、欧阳修的《洛阳牡丹记》等；明代花卉栽培又有新的发展，著作如高濂的《兰谱》、周文华的《汝南圃史》、王象晋的《群芳谱》等；清代前期花卉园艺亦颇为兴盛，著作有赵学敏的《凤仙谱》、计楠的《牡丹谱》、汪灏的《广群芳谱》、陈淏子的《花境》、马大魁的《群芳列传》等。

197. 花卉的网站主要有哪些？

(1) 中国植物图像库（http://www.plantphoto.cn/）

(2) 花卉图片信息网（http://www.fpcn.net/index.html/）

(3) 中国花卉网（http://www.china-flower.com/）

(4) 浴花谷花卉网（http://www.yuhuagu.com/）

(5) 中国花卉协会（http://hhxh.forestry.gov.cn/）

(6) 花卉世界网（http://www.flowerworld.cn/）

(7) 花艺在线（http://www.huadian360.com/）

(8) 绿植花卉（http://www.green-plant.com.cn/）

(9) 青青花木网（http://www.312green.com）

(10) 花木商情网（http://www.cnhmsq.com/）

(11) 中国园艺信息网（http://www.cgin.cn/）

(12) 花百科（https://www.huabaike.com/）

(13) 云南花木网（http://www.ynhmw.com）

198. 我国主要花卉研究机构有哪些？

我国主要花卉研究机构有以下这些单位（排名不分前后）：

（1）国家花卉工程技术研究中心

（2）中国农业科学院蔬菜花卉研究所

（3）中国林业科学研究院

（4）中国农业大学

（5）北京林业大学

（6）西北农林科技大学

（7）浙江大学

（8）浙江农林大学

（9）西南林业大学

（10）福建农林大学

（11）南京农业大学

（12）华中农业大学

（13）华南农业大学

（14）东北农业大学

（15）云南农业大学

（16）四川农业大学

（17）山东农业大学

（18）河南农业大学

（19）海南大学

（20）北京农学院

（21）西双版纳植物园

（22）北京植物园

（23）南京中山植物园

（24）上海植物园

（25）上海辰山植物园

（26）武汉植物园

（27）华南植物园

（28）庐山植物园

（29）杭州植物园

（30）浙江省农业科学院

（31）浙江省亚热带作物研究所

（32）北京市园林科学研究院

（33）上海园林科学研究所

（34）武汉市园林科学研究院

（35）广州市林业和园林科学研究院

（36）广州花卉研究中心

（37）云南省农业科学院花卉研究所

（38）广西农业科学院花卉研究所

（39）山东省农业科学院蔬菜花卉研究所

（40）杭州天景水生植物园

199. 我国特色花木之乡有哪些？

我国特色花木之乡有（排名不分先后）：

（1）北京市丰台区花乡（中国晚香玉之乡）

（2）河北省石家庄市郊区振头乡（中国仙客来之乡）

（3）吉林省长春市宽城区奋进乡（中国君子兰之乡）

（4）浙江省宁波市北仑区（中国杜鹃之乡）

（5）浙江省嵊州市（中国木兰之乡）

（6）安徽省亳州市十九里镇（中国芍药之乡）

（7）安徽省铜陵市新桥镇（中国药用牡丹之乡）

（8）福建省福州市仓山区建新镇（中国水仙花之乡）

（9）福建省漳平市永福镇（中国杜鹃之乡）

（10）福建省漳浦县沙西镇（中国榕树盆景之乡）

（11）山东省平阴县玫瑰镇（中国玫瑰之乡）

（12）山东省莱州市（中国月季之乡）

（13）山东省菏泽市（中国牡丹之乡）

（14）河南省洛阳市郊区邙山镇（中国牡丹之乡）

（15）河南省南阳市卧龙区石桥镇（中国月季之乡）

（16）河南省开封市郊区南郊乡（中国菊花之乡）

（17）河南省潢川县卜塔集镇（中国广玉兰之乡）

（18）湖北省咸宁市咸安区（中国桂花之乡）

（19）广西壮族自治区横县（中国茉莉之乡）

（20）四川省郫县（中国盆景之乡）

（21）湖南省浏阳市（中国红花檵木之乡）

（22）浙江省余姚市四明山镇（中国红枫之乡）

（23）浙江省金华市婺城区竹马乡（中国山茶之乡）

200. 我国传统花卉产区主要有哪些？

我国传统花卉产区主要有：

（1）梅花：湖北武汉、山东青岛、浙江杭州超山

（2）牡丹：河南洛阳、山东菏泽、甘肃临夏

（3）山茶：云南大理、浙江金华

（4）荷花：浙江杭州、湖北武汉

（5）君子兰：吉林长春

（6）水仙花：福建漳州、浙江普陀

（7）蜡梅：河南鄢陵

（8）菊花：江苏南京、北京、天津

（9）玫瑰：浙江杭州

（10）芍药：江苏扬州

参考文献

[1] 安靖靖,郭风民,杨华,等.木香栽培管理技术及其在园林绿化中的应用[J].河南林业科技,2014,34(3):52-54.

[2] 包满珠.花卉学[M].3版.北京:中国农业出版社,2011.

[3]《家庭养花一本通》编委会.家庭养花一本通[M].北京:北京科学技术出版社,2017.

[4] 蔡曾煜.花菖蒲[J].中国花卉盆景,2009(8):8-11.

[5] 蔡建国,舒美英,尹利琴.盆景制作知识200问[M].杭州:浙江大学出版社,2016.

[6] 蔡建国,王丽英,胡本林,等.不同基质对北美冬青扦插生根的影响[J].浙江林业科技,2014,34(3):72-75.

[7] 蔡建国,王丽英,涂海英,等.多效唑对盆栽北美冬青的矮化效应[J].福建林业科技,2014,41(3):36-39.

[8] 蔡培印,宫延学.植物名称传说[J].绿化与生活,1994(3):5-6.

[9] 蔡培印.植物的传说[J].科学之友,1994(10):19.

[10] 蔡仲娟.生日花篮赏析[J].园林,1998(6):5.

[11] 蔡仲娟.婚礼花篮赏析[J].园林,1998(3):4-5.

[12] 车高科,陈帷韬,蔡建国,等.水生花境调查研究[J].绿色科技,2013(6):93-97.

[13] 陈红.庭院花草播种技术[J].农村·农业·农民,2006(1):39.

[14] 陈莉,孙将.藤本花卉在垂直绿化中的造景及养护[J].中国园艺文

摘,2014(10)：124-125.

[15] 陈敏.兰花栽培技术[J].现代农业科技,2010(12)：181,190.

[16] 陈有民.园林树木学(修订版)[M].北京：中国林业出版社,2013.

[17] 程杰.论中国花卉文化的繁荣状况、发展进程、历史背景和民族特色[J].
阅江学刊,2014(1)：111-128.

[18] 付玉兰.花卉学[M].北京：中国农业出版社,2013.

[19] 高俊平,姜伟贤.中国花卉科技二十年[M].北京：科学出版
社,2000.

[20] 管康林,吴家森,蔡建国.世上最美的100种花[M].北京：中国农
业出版社,2010.

[21] 韩留福,唐伟斌,刘伟.花卉植物叶的扦插繁殖[J].北方园艺,
2001(6)：60.

[22] 韩宁静,李恩春.草本花卉容器育苗技术[J].现代农业科技,
2010(14)：184,202.

[23] 何俊蓉.驱蚊香草的栽培管理[J].四川农业科技,2005(7)：27-28.

[24] 何平,陈建雄,李元良,等.非洲茉莉的繁殖和栽培[J].四川农业科
技,2005(8)：26.

[25] 赫金宏,郭建军.石榴栽培技术要点[J].现代农业科技,2014(24)：
36-37.

[26] 胡本林,蔡建国,王丽英,等.杜鹃花品种在杭州适应性栽培的初步
研究[J].中国园艺文摘,2014(4)：14-17.

[27] 黄利明,秦峰奎.走产销共建之路：访荷兰阿斯米尔花卉拍卖行有感[J].
山东农业,1999(11)：32-33.

[28] 黄洽,黄蔚,熊范孙,等.养花赏花用花指南[M].上海：上海科学技术
文献出版社,2003.

[29] 黄新爱.我国花卉业的营销策略探讨[D].长沙：中南林业科技大
学,2006.

[30] 江胜德,蔡向阳,胡银春.花园中心快速发展是大势所趋[J].中国花
卉园艺,2007(21)：12-14.

[31]《南方农业》编辑部.节日送花常识与国外花卉禁忌[J].南方农业(园
林花卉版),2011,5(12)：67.

参考文献

[32] 金松恒,李根有. 园林植物学［M］. 天津：天津科学技术出版社,2015.

[33] 李兰.夏季花卉养护管理[J].城市建设理论研究,2011(22)：1-7.

[34] 李琳.花卉组织培养的应用及技术要点[J].现代农村科技,2015(10)：48.

[35] 李水坤,陈日红,关维元.铁线莲庭院栽培实用技术[J].北京农业,2012(15)：48-49.

[36] 李文彦.藤本月季栽培与养护［J].现代农业科技,2009(20)：221,227.

[37] 梁珊.阳台养花注意啥[J].家庭科技,2006(9)：24.

[38] 林琛.多肉植物的原生境与引种栽培[J].现代园艺,2016(8)：35.

[39] 林云甲,高秀真.美丽针葵的栽培技术[J].花木盆景(花卉园艺),2006(11)：41.

[40] 孙桂琴.凌霄栽培技术[J].中国花卉园艺,2013(18)：46-47.

[41] 刘嫦红,刘文晖.室内观叶植物的栽培管理技术与经验[J].北京农业,2013(24)：46.

[42] 刘锴.室内养花有讲究[J].新农村,2014(6)：40.

[43] 刘飞鸣,邬帆. 芬芳四溢情意浓：一组花篮赏析[J]. 花木盆景(花卉园艺),2003(8)：30-31.

[44] 刘剑楠.花卉组织培养种苗快繁技术[J].北京农业,2015(15)：87.

[45] 刘秀丽,张启翔. 中国玉兰花文化及其园林应用浅析[J]. 北京林业大学学报(社会科学版),2009,8(3)：54-58.

[46] 刘燕. 园林花卉学[M].3 版.北京：中国林业出版社,2016.

[47] 刘燕. 中国花文化与花卉产业[J]. 北京林业大学学报,2001,23(特刊)：87-89.

[48] 陆凤龙.花卉扦插繁殖[J].安徽林业科技,2005(3)：39.

[49] 罗芒生.花卉培养土消毒法[J].花卉,2003(10)：22-23.

[50] 马继友,李玉晏.曼地亚红豆杉栽培技术［J].中国花卉园艺,2014(24)：37-39.

[51] 毛衍,蔡建国,胡寒剑.杭州西湖园林植物冬季景观分析[J].中国园艺文摘,2015(2)：113-116.

[52] 裘文达,连俊,赵小进.商品花卉生产技术问答[M].北京:中国农业出版社,1998.

[53] 裘文达.经济花木生产技术问答:附盆景制作[M].南昌:江西人民出版社,1985.

[54] 盛军锋,苏启林.国际花卉产业化典型经营模式比较研究[J].林业经济,2003(3):58-61.

[55] 苏雪痕.植物景观规划设计[M].北京:中国林业出版社,2012.

[56] 孙伯筠,张持.花间道:花木文化鉴赏[M].北京:中国农业大学出版社,2008.

[57] 孙晔.中国古代植物纹样的象征性[J].服装学报,2016,1(2):228-232.

[58] 汪连天.职场礼仪心得(之二十一)花卉礼仪[J].工友,2010(9):52-53.

[59] 王殿富.我国花卉业的现状及发展趋势[C]//2007年中国园艺学会观赏园艺专业委员会年会论文集.北京:中国林业出版社,2007:4-7.

[60] 王丽英,蔡建国,臧毅,等.不同生根剂对北美冬青嫩枝扦插生根的影响[J].江苏农业科学,2014,42(9):157-159.

[61] 王曼,邱景忠,刘建婷.迎春花栽培技术[J].河北林业科技,2002(4):28-38.

[62] 魏建新.乔灌木花卉嫁接繁殖技术要点[J].现代园艺,2012(19):81.

[63] 魏学明,李玉良,侯再年.嫁接在花卉上的应用研究[J].中国农村小康科技,2009(1):37-38.

[64] 闻铭,周武忠,高永青.中国花文化辞典[M].合肥:黄山书社,2000.

[65] 吴建民,田俊华.茶梅的家庭栽培[J].花木盆景(花卉园艺),2008(2):27.

[66] 裘文达.经济花木栽培[M].南昌:江西科学技术出版社,1986.

[67] 夏春森,等.家庭养花百问百答[M].北京:中国农业出版社,2009.

[68] 夏旦丹.浙江花卉业发展现状、问题和对策[J].浙江农业科学,2014(1):9-12.

[69] 邢尤美.造型菊的养护管理[J].西北园艺,1995(3):28-29.

参考文献

[70] 徐成文.五针松的栽培技术[J].西南园艺,2002,30(2)：48.

[71] 徐根林.怎样让露台花卉安全度夏[J].中国花卉盆景,2009(10)：10.

[72] 徐海宾.中国花语初汇(一)[J].中国花卉盆景,1995(2)：15.

[73] 徐海宾.中国花语初汇(二)[J].中国花卉盆景,1995(3)：17.

[74] 徐海宾.中国花语初汇(三)[J].中国花卉盆景,1995(4)：25.

[75] 徐明,蔡建国,臧毅,等.杭州地区34种观果植物的综合评价与分析[J].西北林学院学报,2016,31(3)：281-284,303.

[76] 徐明,蔡建国.浙江农林大学观果植物应用状况调查[J].绿色科技,2014(3)：208-210.

[77] 杨培新,唐海溶,林凯芳.澳洲杉引种与栽培技术[J].现代农业科技,2008(4)：23,25.

[78] 杨淑娟.花卉主题小品在城市景观环境中的应用[J].农业科技与信息(现代园林),2007(9)：70-73.

[79] 姚忠臣.家庭盆花养护技术[J].现代农业科技,2009(6)：62-63.

[80] 叶喜阳,蔡建国.乡土植物之早春观花篇：樱花[J].园林,2013(3)：72-73.

[81] 十二生肖幸运花[J].国际市场,1995(10)：21.

[82] 玉山.多肉植物的栽培误区[J].花木盆景(花卉园艺),2012(12)：30-32.

[83] 袁盛华.浅谈凤梨的栽培管理[J].现代农业科学,2008,15(10)：19-20,22.

[84] 袁肇富,安曼莉.现代花卉栽培技艺[M].成都：四川科学技术出版社,1999.

[85] 张彩红.谈谈家庭养花[J].现代农村科技,2010(18)：38.

[86] 张德祥,张君艳.新优观叶花卉矾根的栽培管理技术[J].林业实用技术,2014(4)：62-63.

[87] 张丽萍,李雨辉,李宏侠.家庭养花病虫害防治小窍门[J].吉林蔬菜,2012(12)：60.

[88] 张启翔.中国花文化起源与形成研究(一)：人类关于花卉审美意识的形成与发展[J].中国园林,2001(1)：73-76.

[89] 张启翔.中国花文化起源与形成研究(二)：中国花文化形成与中华

悠久文明历史及数千年花卉栽培历史的关系[J].北京林业大学学报,2007(增刊1):75-79.

[90] 张启翔.论中国花文化结构及其特点[J].北京林业大学学报,2001(增刊1):44-46.

[91] 张荣梅.盆栽花卉春季养护要点[J].农家参谋,2013(4):19.

[92] 张绍宽.袖珍椰子的栽培与欣赏[J].园林,1998(1):24.

[93] 章大军.盆景菊的栽培与造型[J].南方农业(园林花卉版),2007(3):57-60.

[94] 章楷.舒著《古代花卉》读后[J].园林,1994(6):17.

[95] 赵完璧.现代家庭养花手册[M].上海:上海科学技术出版社,2009.

参考文献